大学数学系列教材

高等数学

（下册）

主　编　吕端良　王云丽　张　宁　边平勇

副主编　陈贵磊　盛敏奇　李玉霞

清华大学出版社

北京交通大学出版社

·北京·

内 容 简 介

本套书分为上、下两册，共 10 章．下册内容包括常微分方程、无穷级数、向量代数与空间解析几何、多元函数微分学、多元函数的积分．

本套书编写侧重于介绍高等数学的基本内容、方法和应用，适当减少相关内容的推导和证明．本套书可作为高等职业院校高等数学课程的教材或教学参考书，也可作为成人高等教育的教材，以及工程技术人员的参考资料．

图书在版编目（CIP）数据

高等数学．下册 / 吕端良等主编．—北京：北京交通大学出版社：清华大学出版社，2020.1

ISBN 978-7-5121-4136-0

Ⅰ.①高…　Ⅱ.①吕…　Ⅲ.①高等数学－高等职业教育－教材　Ⅳ.①O13

中国版本图书馆 CIP 数据核字（2020）第 001052 号

高等数学（下册）
GAODENG SHUXUE（XIA CE）

责任编辑：严慧明
出版发行：清 华 大 学 出 版 社　邮编：100084　电话：010-62776969　http://www.tup.com.cn
北京交通大学出版社　邮编：100044　电话：010-51686414　http://www.bjtup.com.cn
印 刷 者：北京鑫海金澳胶印有限公司
经　　销：全国新华书店
开　　本：185 mm×260 mm　印张：8.75　字数：218 千字
版　　次：2020 年 1 月第 1 版　2020 年 1 月第 1 次印刷
书　　号：ISBN 978-7-5121-4136-0 / O・183
定　　价：26.00 元

本书如有质量问题，请向北京交通大学出版社质监组反映．对您的意见和批评，我们表示欢迎和感谢.
投诉电话：010-51686043，51686008；传真：010-62225406；E-mail：press@bjtu.edu.cn.

前　　言

本套书由山东科技大学基础课部数学教研室结合高等职业教育及成人高等教育的实际需求，参考近年来国内外出版的多本同类教材编写而成．本套书的主要特点如下．

（1）难度适中，易于理解．为了更好地适应高职和成人学生对高等数学知识的需求，以及兼顾他们对高等数学知识的接受能力，本套书以“适用”为原则进行编写，尽量避免提及难度较大的理论知识，在定理的证明、例题的求解过程中加入了大量详细的思路分析过程，注重数形结合，力求做到通俗易懂．

（2）体系完整，重点突出．本套书在注重数学逻辑体系完整的前提下，突出重点，注重数学思想、方法、观点的传授，旨在培养学生的逻辑思维能力，提高学生分析问题、解决问题的能力．

（3）习题丰富，题型多样．为了便于读者复习巩固所学知识，及时检查学习效果，查缺补漏，本套书各章节配有习题，书末附有习题答案．每册均配有期末考试模拟题，并给出详尽的解答，以方便读者使用．

由于编者水平有限，本套书难免存有不妥之处，恳请读者批评指正．

编　者

2019 年 7 月

目　录

第6章　常微分方程

寻求函数关系对解决工程问题具有重要作用，但是，有时不能直接找出所需要的函数关系，却可以先根据问题具体情况，找出自变量、未知函数及未知函数的导数（或微分）之间的关系式，这样的关系式就是所谓的微分方程．由已知微分方程找出未知函数的工作，就是解微分方程．本章主要介绍常见类型微分方程的解法，并举例说明它们在实际问题中的应用.

6.1　微分方程的基本概念

本节通过对几个实际例子的分析，引入微分方程的基本概念，并给出简单微分方程的建立方法.

6.1.1　微分方程的基本概念

下面通过一个几何例子来说明微分方程的基本概念.

引例　一曲线通过点（0，0），且该曲线上任一点 $P(x, y)$ 处的切线的斜率为 x^2，求这条曲线的方程.

解　设所求曲线的方程为 $y=f(x)$．依题意，根据导数的几何意义可知未知函数 $y=f(x)$ 应满足关系式

$$\frac{\mathrm{d}y}{\mathrm{d}x}=x^2$$

和已知条件：当 $x=0$ 时，$y=0$.

从上面例子可以看出，以上问题的解决，可归结为含有未知函数导数的方程的求解.

定义 6.1　含有未知函数的导数（或微分）的方程称为**微分方程**．未知函数为一元函数的微分方程称为**常微分方程**．微分方程中出现的未知函数的导数或微分的最高阶数，称为该**微分方程的阶**.

未知函数为多元函数的微分方程称为**偏微分方程**．本章只讨论常微分方程，简称微分方程．例如方程①$y'+xy=e^x$；②$\frac{dy}{dx}=2x$；③$\frac{d^2y}{dx^2}+2\frac{dy}{dx}+y=f(x)$；④$\frac{d^2s}{dt^2}=-4$；⑤$\frac{d^ny}{dx^n}+1=0$都是微分方程．其中①和②为一阶微分方程，③和④为二阶微分方程，⑤为n阶微分方程．

定义 6.2 如果将已知函数$y=\varphi(x)$代入微分方程后，能使方程成为恒等式，那么称此函数为**微分方程的解**．

定义 6.3 如果微分方程的解中含有任意常数，且相互独立的任意常数的个数与微分方程的阶数相同，这样的解就叫作**微分方程的通解**；而不含任意常数的解，叫作**微分方程的特解**．

例 1 验证：函数$y=C_1x+C_2e^x$是微分方程

$$(1-x)y''+xy'-y=0 \tag{6-1}$$

的通解．

解 求出函数$y=C_1x+C_2e^x$的导数：

$$\frac{dy}{dx}=C_1+C_2e^x \tag{6-2}$$

$$\frac{d^2y}{dx^2}=C_2e^x \tag{6-3}$$

将式（6-2）、式（6-3）代入方程（6-1）的左边，左边等于右边．因此，函数$y=C_1x+C_2e^x$是方程（6-1）的解．又因为此函数中含有两个独立的任意常数，而方程（6-1）为二阶微分方程，因此，函数$y=C_1x+C_2e^x$是方程（6-1）的通解．

定义 6.4 确定任意常数的条件，称为**初始条件**．初始条件的个数通常等于微分方程的阶数．求微分方程满足某初始条件的特解的问题，称为**初值问题**．

例如：一阶方程，初始条件$y|_{x=x_0}=y_0$；二阶方程，初始条件$\begin{cases} y|_{x=x_0}=y_0 \\ y'|_{x=x_0}=y'_0 \end{cases}$．其中$x_0$，$y_0$，$y'_0$都是给定的值．

习题 6.1

1. 指出下列方程中的微分方程，并说明它的阶数．

（1）$s''+3s'-2t=0$；（2）$(y')^2+3y=0$；

（3）$(\sin x)''+2(\sin x)'+1=0$；（4）$xdy-ydx=0$；

(5) $\frac{d^2x}{dt^2}=\cos t$；　　(6) $\frac{d^3y}{dx^3}-2x\left(\frac{d^2y}{dx^2}\right)^3+x^2=0$.

2. 指出下列各题中的函数是否是所给微分方程的解（其中 C_1，C_2 为任意常数）.

(1) $x\frac{dy}{dx}=2y$，$y=4x^2$；

(2) $\sin\varphi\cos\varphi\frac{dy}{d\varphi}+y=0$，$y=\cot\varphi$；

(3) $y''+4y=0$，$y=C_1\sin(2x+C_2)$；

(4) $y''-2y'+y=0$，$y=x^2e^x$.

3. 写出由下列条件确定的曲线 $y=f(x)$ 所满足的微分方程.

(1) 曲线上点 $P(x, y)$ 处的切线与线段 OP 垂直；

(2) 曲线上任一点 $P(x, y)$ 处的曲率都是$\frac{1}{a}$.

4. 已知函数 $y=C_1\cos x+C_2\sin x$ 是微分方程 $y''+y=0$ 的通解，求满足初始条件$y|_{x=0}=2$ 及$y'|_{x=0}=-1$ 的特解.

6.2 可分离变量的微分方程

6.2.1 最简单的一阶微分方程的解法

形如

$$\frac{dy}{dx}=f(x) \tag{6-4}$$

的方程是最简单的一阶微分方程，它的右边是以 x 为自变量的已知函数，其解法很简单. 将式（6-4）改写成微分式：

$$dy=f(x)dx$$

两边积分得 $y=\int f(x)dx$（相当于求 $f(x)$ 的不定积分），故其通解为 $y=F(x)+C$（其中 $F(x)$ 是 $f(x)$ 的一个原函数，C 为任意常数）.

6.2.2 可分离变量的微分方程的解法

形如

$$\frac{dy}{dx}=f(x, y) \text{ 或 } F(x, y, y')=0 \tag{6-5}$$

的一阶微分方程如果能化成

$$g(y)dy=f(x)dx$$

的形式，那么原方程就称为**可分离变量的微分方程**.

求解可分离变量的微分方程的步骤是：

(1) 分离变量，把所给方程化为形如 $g(y)\mathrm{d}y=f(x)\mathrm{d}x$ 的形式；

(2) 两边分别积分：$\int g(y)\mathrm{d}y=\int f(x)\mathrm{d}x$，便可得微分方程（6-5）的通解.

这种求解方法叫作**分离变量法**.

例 1 求微分方程 $\frac{\mathrm{d}y}{\mathrm{d}x}=(\sin x-\cos x)\sqrt{1-y^2}$ 的通解.

解 这是可分离变量的微分方程，分离变量后得

$$\frac{\mathrm{d}y}{\sqrt{1-y^2}}=(\sin x-\cos x)\mathrm{d}x$$

两边积分

$$\int\frac{\mathrm{d}y}{\sqrt{1-y^2}}=\int(\sin x-\cos x)\mathrm{d}x$$

得

$$\arcsin y=-\cos x-\sin x+C_1$$

从而原微分方程的通解为

$$y=-\sin(\cos x+\sin x+C)$$

例 2 求微分方程 $y'\cos x=y$ 满足条件 $y|_{x=0}=\frac{1}{2}$ 的特解.

解 分离变量，得

$$\frac{1}{y}\mathrm{d}y=\frac{\mathrm{d}x}{\cos x}$$

两边积分

$$\int\frac{1}{y}\mathrm{d}y=\int\frac{\mathrm{d}x}{\cos x}$$

得

$$\ln|y|=\ln|\sec x+\tan x|+\ln C$$

于是通解为

$$y=C(\sec x+\tan x)$$

由 $y|_{x=0}=\frac{1}{2}$ 可求出 $C=\frac{1}{2}$，最后得所求的特解为 $y=\frac{1}{2}(\sec x+\tan x)$.

习题 6.2

1. 求下列微分方程的通解.

(1) $\frac{\mathrm{d}y}{\mathrm{d}x}=\mathrm{e}^{2x-y}$；　　(2) $y'=\frac{3+y}{3-x}$；

(3) $xy\mathrm{d}x+(x^2+1)\mathrm{d}y=0$；　　(4) $\frac{\mathrm{d}y}{\mathrm{d}x}=\frac{y}{\sqrt{1-x^2}}$；

(5) $xy'-y\ln y=0$；　　(6) $y'-xy'=a(y^2+y')$.

2. 求下列微分方程满足所给初始条件的特解.

(1) $x\mathrm{d}y+2y\mathrm{d}x=0$，$y|_{x=0}=0$；

(2) $\sin x\mathrm{d}y-y\ln y\mathrm{d}x=0$，$y|_{x=\frac{\pi}{2}}=\mathrm{e}$；

(3) $2x\sin y\mathrm{d}x+(x^2+1)\cos y\mathrm{d}y=0$，$y|_{x=1}=\frac{\pi}{6}$.

3. 已知曲线过点$\left(1,\frac{1}{3}\right)$，且曲线上任一点的切线斜率等于自原点到切点的连线的斜率的两倍，求此曲线的方程.

6.3　一阶线性微分方程

6.3.1　一阶线性微分方程的定义

定义 6.5　形如

$$\frac{\mathrm{d}y}{\mathrm{d}x}+P(x)y=Q(x) \tag{6-6}$$

的方程称为**一阶线性微分方程**，其中 $P(x)$，$Q(x)$ 都是连续函数．它的特点是方程中的未知函数 y 及其一阶导数为一次的.

如果 $Q(x)\equiv 0$，则方程（6-6）为

$$\frac{\mathrm{d}y}{\mathrm{d}x}+P(x)y=0 \tag{6-7}$$

该方程称为**一阶线性齐次微分方程**.

如果 $Q(x)\neq 0$，则方程（6-6）称为**一阶线性非齐次微分方程**.

6.3.2　一阶线性微分方程的解法

1. 一阶线性齐次微分方程

显然一阶线性齐次微分方程（6-7）是可分离变量的微分方程，分离变量后得

$$\frac{\mathrm{d}y}{y}=-P(x)\mathrm{d}x$$

两边积分，得 $\ln|y|=-\int P(x)\mathrm{d}x+C_1$，即

$$y=C\mathrm{e}^{-\int P(x)\mathrm{d}x} \tag{6-8}$$

这就是一阶线性齐次微分方程（6-7）的通解（其中的不定积分只是表示对应的被积函数的一个原函数）.

比如一阶线性齐次微分方程 $y'-\frac{1}{x}y=0$ 的通解为

$$y=Ce^{-\int -\frac{1}{x}dx}=Ce^{\ln x}=Cx$$

2. 一阶线性非齐次微分方程

当 $Q(x)\neq 0$ 时，把一阶线性非齐次微分方程(6-6)改写为

$$\frac{dy}{y}=\frac{Q(x)}{y}dx-P(x)dx \tag{6-9}$$

由于 y 是 x 的函数，可令 $\frac{Q(x)}{y}=g(x)$，且设 $\Phi(x)$ 是 $g(x)$ 的一个原函数．对式（6-9）两边积分，得

$$\ln y=\Phi(x)+C_1-\int P(x)dx$$

即

$$y=e^{\Phi(x)+C_1}\cdot e^{-\int P(x)dx}$$

若设 $e^{\Phi(x)+C_1}=C(x)$，则

$$y=C(x)e^{-\int P(x)dx} \tag{6-10}$$

即一阶线性非齐次微分方程（6-6）的通解是将相应的齐次方程的通解中任意常数 C 用待定函数 $C(x)$ 来代替，因此，只要求出函数 $C(x)$，就可得到方程（6-6）的通解.

为了确定 $C(x)$，把式（6-10）及其导数 $y'=C'(x)e^{-\int P(x)dx}-P(x)y$ 代入方程(6-6)并化简，得

$$C'(x)e^{-\int P(x)dx}=Q(x)$$

即

$$C'(x)=Q(x)\cdot e^{\int P(x)dx}$$

两边积分，得

$$C(x)=\int Q(x)e^{\int P(x)dx}dx+C$$

代回式(6-10),便得方程(6-6) 的通解

$$y=e^{-\int P(x)dx}\left[\int Q(x)e^{\int P(x)dx}dx+C\right] \tag{6-11}$$

其中各个不定积分都只是表示对应的被积函数的一个原函数.

像上述这种把一阶线性齐次微分方程通解中的任意常数 C 换成待定函数 $C(x)$，然后求出一阶线性非齐次微分方程通解的方法叫作**常数变易法**.

将式（6－11）改写成两项之和的形式

$$y = Ce^{-\int P(x)\mathrm{d}x} + e^{-\int P(x)\mathrm{d}x}\int Q(x)e^{\int P(x)\mathrm{d}x}\mathrm{d}x \qquad (6-12)$$

式（6－12）右端第一项是一阶线性非齐次微分方程（6－6）对应的一阶线性齐次微分方程（6－7）的通解．令 $C=0$，则式（6－12）右端是一阶线性非齐次微分方程(6－6)的一个特解．由此可知，一阶线性非齐次微分方程的通解等于它对应的齐次微分方程的通解与一阶线性非齐次微分方程的一个特解之和.

例 1　解微分方程 $\frac{\mathrm{d}y}{\mathrm{d}x}-\frac{2y}{x+1}=(x+1)^2$.

解　方程可转化为

$$\frac{\mathrm{d}y}{\mathrm{d}x}=\frac{2y}{x+1}+(x+1)^2$$

这里 $P(x)=\frac{2}{x+1}$，$Q(x)=(x+1)^2$. 由通解公式得

$$\begin{aligned} y &= e^{\int\frac{2}{x+1}\mathrm{d}x}\left(\int (x+1)^2 \cdot e^{-\int\frac{2}{x+1}\mathrm{d}x}\mathrm{d}x + C\right) \\ &= e^{2\ln(x+1)}\left(\int (x+1)^2 \cdot e^{-2\ln(x+1)}\mathrm{d}x + C\right) \\ &= (x+1)^2\left(\int \mathrm{d}x + C\right) \\ &= (x+1)^2(x+C) \end{aligned}$$

例 2　解微分方程 $y'-y\cos x=2xe^{\sin x}$.

解　这是一阶线性非齐次微分方程，下面用“常数变易法”求解.

所给方程的对应齐次方程为

$$y'-y\cos x=0$$

分离变量得

$$\frac{\mathrm{d}y}{y}=\cos x\mathrm{d}x$$

两边积分，得

$$\ln|y|=\sin x+\ln C_1$$

故齐次微分方程的通解为 $y=Ce^{\sin x}$.

设 $y=C(x)e^{\sin x}$ 为原方程的解，则

$$y'=C'(x)e^{\sin x}+C(x)\cdot\cos x\cdot e^{\sin x}$$

将 y，y' 代入原方程，整理得

$$C'(x)e^{\sin x}=2xe^{\sin x}$$

即 $$C'(x)=2x$$

积分，得 $$C(x)=x^2+C$$

所以原方程的通解为 $$y=(x^2+C)e^{\sin x}$$

本例也可以直接代入通解公式求通解．注意到 $P(x)=-\cos x$，$Q(x)=2xe^{\sin x}$，代入通解公式得

$$y=e^{\int\cos x\mathrm{d}x}\left(\int 2xe^{\sin x}\cdot e^{-\int\cos x\mathrm{d}x}\mathrm{d}x+C\right)$$

$$=e^{\sin x}\left(\int 2xe^{\sin x}\cdot e^{-\sin x}\mathrm{d}x+C\right)$$

$$=e^{\sin x}(x^2+C)$$

所以原方程的通解为 $y=(x^2+C)e^{\sin x}$.

例3 求方程 $y'+3y=e^{-2x}$ 满足初始条件 $y|_{x=0}=0$ 的特解.

解 与原方程相对应的齐次方程为 $$y'+3y=0$$

利用分离变量法可得其通解为 $$y=Ce^{-3x}$$

令 $y=C(x)e^{-3x}$ 为原方程的解，则 $y'=C'(x)e^{-3x}-3C(x)e^{-3x}$.

将 y，y' 代入原方程，得 $$C'(x)=e^x$$

所以 $$C(x)=e^x+C$$

于是，原方程的通解为 $y=(e^x+C)e^{-3x}$.

由定解条件知：当 $x=0$ 时 $y=0$，代入通解，得 $C=-1$.

所以，所求的特解为 $y=e^{-2x}-e^{-3x}$.

对于一阶微分方程的求解，首先要把它化为标准形式，然后根据它的类型采用适当的解法．现将讨论过的一阶微分方程及其解法列在表 6-1 中。

表 6-1　一阶微分方程及其解法

方程类型	标准形式	解　法
最简单的一阶微分方程	$y'=f(x)$	直接积分
可分离变量的微分方程	$f(x)\mathrm{d}x=g(y)\mathrm{d}y$	分离变量法
一阶线性微分方程	$\frac{\mathrm{d}y}{\mathrm{d}x}+P(x)y=Q(x)$	常数变易法，公式法

习题 6.3

1. 求微分方程的通解.

(1) $y'=-\frac{1}{x}y+\frac{\sin x}{x}$；　　(2) $y'+y=e^{-x}$；

(3) $(x^2-1)y'+2xy-\cos x=0$；

(4) $x\mathrm{d}y+(y-x\mathrm{e}^{-x})\mathrm{d}x=0$；

(5) $y'+y=x\mathrm{e}^x$；

(6) $x\mathrm{d}y+(2x^2y-\mathrm{e}^{-x^2})\mathrm{d}x=0$；

(7) $y'=\dfrac{y+x\ln x}{x}$；

(8) $\dfrac{\mathrm{d}y}{\mathrm{d}x}=\dfrac{1}{x+y}$；

(9) $y'+2y=2x$；

(10) $y'-y\cot x=2x\sin x$；

(11) $y'+\dfrac{\mathrm{e}^x}{1+\mathrm{e}^x}y=1$；

(12) $y'+2xy=2x\mathrm{e}^{-x^2}$.

2. 求微分方程的特解.

(1) $xy'+y=\sin x$，$y|_{x=\pi}=1$；

(2) $\theta\ln\theta\mathrm{d}\rho+(\rho-\ln\theta)\mathrm{d}\theta=0$，$\rho|_{\theta=\mathrm{e}}=\dfrac{1}{2}$.

6.4 二阶线性微分方程

形如

$$y''+p(x)y'+q(x)y=f(x) \tag{6-13}$$

的二阶微分方程，称为**二阶线性微分方程**．其中，$p(x)$，$q(x)$，$f(x)$ 都是以 x 为自变量的已知函数.

当 $f(x)\equiv0$ 时，方程

$$y''+p(x)y'+q(x)y=0 \tag{6-14}$$

称为**二阶线性齐次微分方程**.

当 $f(x)\neq0$ 时，方程

$$y''+p(x)y'+q(x)y=f(x) \tag{6-15}$$

称为**二阶线性非齐次微分方程**.

6.4.1 通解形式

定理 6.1（二阶线性齐次微分方程解的迭加原理） 设 $y_1(x)$，$y_2(x)$ 是方程（6-14）的两个特解，则对任意常数 C_1，C_2（可以是复数），$y=C_1y_1(x)+C_2y_2(x)$ 仍是方程（6-14）的解，且当 $\dfrac{y_1(x)}{y_2(x)}\neq$常数时，$y=C_1y_1(x)+C_2y_2(x)$ 就是方程（6-14）的通解.

证明 因为 $y_1(x)$，$y_2(x)$ 都是方程（6-14）的解，所以

$$y_1''+p(x)y_1'+q(x)y_1=0$$

$$y_2''+p(x)y_2'+q(x)y_2=0$$

将 $y=C_1y_1(x)+C_2y_2(x)$ 代入式（6－14）的左端，有

$$(C_1y_1''+C_2y_2'')+p(x)(C_1y_1'+C_2y_2')+q(x)(C_1y_1+C_2y_2)$$
$$=C_1[y_1''+p(x)y_1'+q(x)y_1]+C_2[y_2''+p(x)y_2'+q(x)y_2]=0$$

故 $y=C_1y_1(x)+C_2y_2(x)$ 就是方程(6－14)的解．

由于 $\frac{y_1(x)}{y_2(x)}\neq$常数（$y_1$，$y_2$ 线性无关），所以任意常数 C_1，C_2 是两个独立的任意常数，即解 $y=C_1y_1+C_2y_2$ 中所含独立的任意常数的个数与方程（6－14）的阶数相同，所以它是方程（6－14）的通解.

证毕.

由定理 6.1 知，若 y_1，y_2 是方程（6－14）的解，则 $y_1+y_2(C_1=1,\ C_2=1)$，$y_1-y_2(C_1=1,\ C_2=-1)$，$Cy_1(C_1=C,\ C_2=0)$ 都是方程（6－14）的解．

注意：定理 6.1 中的条件 $\frac{y_1(x)}{y_2(x)}\neq$常数是非常重要的．若 $\frac{y_1(x)}{y_2(x)}=k$，那么 $y=C_1y_1(x)+C_2y_2(x)=(C_1+C_2k)y_1(x)$，若记 $C_1+C_2k=C$，就有 $y=Cy_1(x)$，显然它不是方程（6－14）的通解．

定理 6.2（二阶线性非齐次微分方程解的结构） 如果 y^* 是二阶线性非齐次微分方程（6－15）的一个特解，$\bar{y}$ 是其相应的齐次微分方程（6－14）的通解，则方程（6－15）的通解为 $y=y^*+\bar{y}$.

只要把 $y=y^*+\bar{y}$ 代入方程（6－15）中，并注意到 $\bar{y}$ 中含两个任意常数，就可以证明这个定理.

根据上述定理，求二阶线性非齐次微分方程的通解可归结为求其一个特解 y^* 及与其相应的齐次微分方程的两个线性无关的特解 y_1 和 y_2. 即使这样，求方程（6－15）的通解也仍是相当困难的．然而，当 $p(x)$，$q(x)$ 为常数时，则可借助于初等代数方法来求解.

6.4.2 二阶线性常系数齐次微分方程的解法

当 $p(x)$，$q(x)$ 是常数时，形如

$$y''+py'+qy=0 \tag{6-16}$$

的微分方程，称为**二阶线性常系数齐次微分方程**.

根据求导的经验知道，指数函数 $y=e^{rx}$ 的一、二阶导数 re^{rx}，r^2e^{rx} 仍是同类型的指数函数，如果选取适当的常数 r，则有可能使 $y=e^{rx}$ 满足微分方程（6－16）. 因此猜想微分方程（6－16）的解具有形式

$$y=e^{rx}$$

为了验证这个猜想，将 $y=e^{rx}$ 代入微分方程（6-16）得

$$e^{rx}(r^2+pr+q)=0$$

由于 $e^{rx}\neq 0$，则必有

$$r^2+pr+q=0 \tag{6-17}$$

由此可见，只要 r 满足代数方程（6-17），函数 $y=e^{rx}$ 就是微分方程（6-16）的解.

代数方程（6-17）称为微分方程（6-16）的特征方程，其中 r^2，r 的系数及常数项恰好依次是微分方程（6-16）中 y''，y' 及 y 的系数.

特征方程的两个根 r_1，r_2 称为特征根，它们可能出现三种情况：

（1）当 $p^2-4q>0$ 时，r_1，r_2 是不相等的两个实根；

（2）当 $p^2-4q=0$ 时，r_1，r_2 是两个相等的实根；

（3）当 $p^2-4q<0$ 时，r_1，r_2 是一对共轭虚根.

下面根据特征根的三种不同情况，分别讨论微分方程（6-16）的通解.

（1）若 r_1 与 r_2 是不相等的两个实根，则微分方程（6-16）的两个特解是

$$y_1=e^{r_1x}，\ y_2=e^{r_2x}$$

且 $\frac{y_1}{y_2}=e^{(r_1-r_2)x}\neq$ 常数，因此，微分方程（6-16）的通解为

$$y=C_1e^{r_1x}+C_2e^{r_2x}$$

（2）若 r_1 与 r_2 是相等的两个实根，此时 $r_1=r_2=-\frac{p}{2}$，得到微分方程（6-16）的一个特解 $y_1=e^{r_1x}$.

为了求微分方程（6-16）的通解，还须求另一个与 y_1 线性无关的解 y_2. 设 $\frac{y_2}{y_1}=u(x)$，则 $y_2=u(x)e^{r_1x}$，为求 $u(x)$，将 y_2 代入微分方程（6-16）得

$$e^{r_1x}[u''(x)+2r_1u'(x)+r_1^2u(x)+p(u'(x)+r_1u(x))+qu(x)]=0$$

由于 $e^{r_1x}\neq 0$，所以

$$u''(x)+(2r_1+p)u'(x)+(r_1^2+pr_1+q)u(x)=0$$

由于 $2r_1+p=0$，$r_1^2+pr_1+q=0$，于是

$$u''(x)=0$$

积分两次得 $u(x)=k_1x+k_2$，选取 $u(x)=x$，得微分方程（6-16）的另一特解

$$y_2=xe^{r_1x}$$

所以微分方程（6-16）的通解为

$$y=(C_1+C_2x)e^{r_1x}$$

（3）若 r_1 与 r_2 是一对共轭虚根：$r_1=\alpha+\beta\mathrm{i}$，$r_2=\alpha-\beta\mathrm{i}$（$\beta\neq0$），这时微分方程(6-16)有两个复数解

$$y_1^*=e^{(\alpha+\beta\mathrm{i})x},y_2^*=e^{(\alpha-\beta\mathrm{i})x}$$

由欧拉公式 $e^{\alpha+\beta\mathrm{i}}=e^{\alpha}(\cos\beta+\mathrm{i}\sin\beta)$

得
$$y_1^*=e^{\alpha x}(\cos\beta x+\mathrm{i}\sin\beta x)$$

$$y_2^*=e^{\alpha x}(\cos\beta x-\mathrm{i}\sin\beta x)$$

下面来求实函数解．因为 y_1^*，y_2^* 是微分方程（6-16）的解，由定理 6.1 知下述两个实函数

$$y_1=\frac{1}{2}(y_1^*+y_2^*)=e^{\alpha x}\cos\beta x$$

$$y_2=\frac{1}{2\mathrm{i}}(y_1^*-y_2^*)=e^{\alpha x}\sin\beta x$$

也是微分方程（6-16）的两个特解，且$\frac{y_2}{y_1}=\tan\beta x\neq$常数，所以微分方程（6-16）的通解为

$$y=e^{\alpha x}(C_1\cos\beta x+C_2\sin\beta x)$$

综上所述，微分方程（6-16）的通解如表 6-2 所示．

表 6-2　二阶线性常系数齐次微分方程的通解

特征方程 $r^2+pr+q=0$ 特征根为 r_1，r_2	齐次微分方程 $y''+py'+qy=0$ （p，q 为常数）的通解
两个不相等实根 $r_1\neq r_2$	$y=C_1e^{r_1x}+C_2e^{r_2x}$
两个相等的实根 $r_1=r_2$	$y=(C_1+C_2x)e^{r_1x}$
一对共轭虚根 $r_{1,2}=\alpha\pm\beta\mathrm{i}$	$y=e^{\alpha x}(C_1\cos\beta x+C_2\sin\beta x)$

例 1　求微分方程 $y''-3y'+2y=0$ 的通解.

解　写出特征方程　　$r^2-3r+2=0$

求出特征方程的根　　$r_1=1$，$r_2=2$

求出通解为　　$y=C_1e^x+C_2e^{2x}$

例 2　求微分方程 $4\frac{d^2s}{dt^2}+4\frac{ds}{dt}+s=0$ 满足初始条件 $s|_{t=0}=2$，$s'|_{t=0}=-2$ 的特解.

解 方程两边同除以4，可化为$\frac{d^2s}{dt^2}+\frac{ds}{dt}+\frac{1}{4}s=0$.

写出特征方程 $$r^2+r+\frac{1}{4}=0$$

求出特征方程的根 $$r_1=r_2=-\frac{1}{2}$$

因此所求微分方程的通解为$s=(C_1+C_2t)e^{-\frac{1}{2}t}$.

代入初始条件$s|_{t=0}=2$，得$C_1=2$，因此有$s=(2+C_2t)e^{-\frac{1}{2}t}$.

对t求导，得

$$s'=\left(C_2-1-\frac{1}{2}C_2t\right)e^{-\frac{1}{2}t}$$

再代入条件$s'|_{t=0}=-2$，得$C_2=-1$.

于是所求特解为$s=(2-t)e^{-\frac{1}{2}t}$.

例3 求微分方程$y''-6y'+25y=0$的通解.

解 写出特征方程 $$r^2-6r+25=0$$

求出特征方程的根 $$r_{1,2}=3\pm 4i$$

则所求通解为 $$y=e^{3x}(C_1\cos 4x+C_2\sin 4x)$$

例4 求微分方程$y''+ay=0$的通解.

解 写出特征方程 $$r^2+a=0$$

$$r^2=-a$$

(1) 当$a<0$时，特征方程有两个不相等的实根：$r_1=\sqrt{-a}$，$r_1=-\sqrt{-a}$.

因此所求通解为$y=C_1e^{-\sqrt{-a}x}+C_2e^{\sqrt{-a}x}$.

(2) 当$a>0$时，特征方程有一对共轭虚根$r_{1,2}=\pm\sqrt{a}i$.

因此所求通解为$y=C_1\cos\sqrt{a}x+C_2\sin\sqrt{a}x$.

(3) 当$a=0$时，原方程变为$y''=0$.

两边两次积分，得原方程的通解为

$$y=C_1x+C_2$$

习题 6.4

1. 求下列微分方程的通解.

(1) $y''+y'-2y=0$； (2) $y''-4y'=0$；

(3) $y''-4y'+4y=0$；　　(4) $4\frac{d^2x}{dt^2}-20\frac{dx}{dt}+25x=0$；

(5) $y''-4y'+5y=0$；　　(6) $\frac{d^2\omega}{d\theta^2}-4\frac{d\omega}{d\theta}+6\omega=0$；

(7) $4y''-8y'+5y=0$；　　(8) $y''-4y'+15y=0$.

6.5　可降阶的二阶微分方程

这一节将讨论几种特殊类型的二阶微分方程的解法，其基本思想是“降阶”，即通过变量代换将它们化为低阶的方程来求解.

6.5.1　$y^{(n)}=f(x)$ 型的微分方程

微分方程 $y^{(n)}=f(x)$ 的右端是仅含自变量 x 的函数，其解法是逐次积分，每积分一次，方程降低一阶．经过 n 次积分，便得含有 n 个任意常数的通解.

例 1　求微分方程　$y'''=e^{-x}+\cos x+x$ 的通解.

解　对所给方程接连积分三次，依次可得

$$y''=-e^{-x}+\sin x+\frac{1}{2}x^2+C_1$$

$$y'=e^{-x}-\cos x+\frac{1}{6}x^3+C_1x+C_2$$

$$y=-e^{-x}-\sin x+\frac{1}{24}x^4+Cx^2+C_2x+C_3\left(C=\frac{C_1}{2}\right)$$

6.5.2　$y''=f(x, y')$ 型的微分方程

此类型方程的特点是：方程中不显含未知函数 y. 其解法是：设 $y'=P(x)$，则 $y''=\frac{dP}{dx}=P'$，代入原方程得：$P'=f(x, P)$，这是关于自变量 x、未知函数 $P=P(x)$ 的一阶微分方程．若可求出其通解 $P=\varphi(x, C_1)$，则对 $y'=\varphi(x, C_1)$ 再积分一次就能得到原方程的通解.

例 2　求微分方程 $(1-x^2)y''-xy'=2$ 的通解.

解　这是不显含未知函数 y 的二阶方程．令 $y'=P(x)$，于是原方程化为一阶微分方程

$$P'(x)=\frac{x}{1-x^2}P(x)+\frac{2}{1-x^2}$$

这是一阶线性非齐次微分方程，解得

$$P(x)=\frac{1}{\sqrt{1-x^2}}(2\arcsin x+C_1)$$

即
$$\frac{dy}{dx}=\frac{1}{\sqrt{1-x^2}}(2\arcsin x+C_1)$$

再积分得
$$y=(\arcsin x)^2+C_1\arcsin x+C_2$$

6.5.3　$y''=f(y, y')$ 型的微分方程

这类方程的特点是：方程中不显含自变量 x. 其解法是：设 $y'=P(y)$，则有 $y''=\frac{dP(y)}{dx}=\frac{dP}{dy}\cdot\frac{dy}{dx}=P\frac{dP}{dy}$，于是原方程可化为一阶微分方程

$$P\frac{dP}{dy}=f(y, P)$$

求得通解 P 以后，根据 $P=\frac{dy}{dx}$再解一个一阶微分方程就可得到原方程的通解.

例 3　求微分方程 $y''+\frac{2}{1-y}y'^2=0$ 的通解.

解　这是不显含自变量 x 的二阶方程，令 $y'=P(y)$，则 $y''=P(y)\frac{dP(y)}{dy}$，原方程可化为

$$P(y)\frac{dP(y)}{dy}+\frac{2}{1-y}P^2(y)=0$$

可变为
$$\frac{dP(y)}{P(y)}=\frac{2dy}{y-1}$$

两边积分，得
$$\ln|P(y)|=2\ln|y-1|+C$$

即 $y'=P(y)=C_1(y-1)^2$　　$(C_1=\pm e^C)$

再分离变量并两边积分，便得方程的通解：$y=1-\frac{1}{C_1x+C_2}$.

值得注意的是，求解第二、三两种类型的微分方程时，所用代换 $y'=P(x)$ 和 $y'=P(y)$ 是不一样的. 前者只换未知函数，不换自变量，故有 $y''=(y'_x)'_x=P'_x$；而后者不仅换了未知函数，而且也换了自变量，因此，$y''=\frac{dP}{dx}=\frac{dP}{dy}\cdot\frac{dy}{dx}=\frac{dP}{dy}\cdot P$.

习题 6.5

1. 求下列方程的通解.

(1) $y''=\frac{1}{x^2}\ln x$；

(2) $y''=e^{2x}$；

(3) $x^2y''+xy'=1$；

(4) $yy''-2(y')^2=0$.

2. 求下列方程的特解.

(1) $(x^2+1)y''=xy'$，$y|_{x=0}=0$，$y'|_{x=0}=1$；

(2) $y''=2yy'$，$y(0)=1$，$y'(0)=2$.

第7章 无穷级数

无穷级数是高等数学的重要组成部分，从它与微积分的关系而言，它是一种专用工具，即它是表示函数、研究函数的性质及进行数值运算的工具．借助于它，我们可以表示和计算不同的量，也可以表示某些用初等函数不能表示的函数，并且许多数值方法都是以级数理论为基础的．研究级数及其和，可以说是研究数列及其极限的另一种形式．但无论是研究极限的存在性的时候，还是计算这种极限的时候，这种形式都显示出很大的优越性.

7.1 常数项级数

7.1.1 无穷级数的基本概念

定义 7.1 设有数列 u_1，u_2，…，u_n，… 则表达式

$$u_1+u_2+\cdots+u_n+\cdots$$

称为**（常数项）无穷级数**，记作

$$\sum_{n=1}^{\infty} u_n = u_1+u_2+\cdots+u_n+\cdots \tag{7-1}$$

其中 u_1，u_2，…，u_n，…叫作**该级数的项**，u_n 称为**一般项或通项**．由于式（7-1）中的每一项都是常数，所以又叫**常数项级数**，简称**级数**.

对于式（7-1），无穷多个数的“和”的含义是什么？如果存在，怎样求其和？下面以极限理论为工具来讨论这些问题.

在式（7-1）中取有限项，令 $S_1=u_1$，$S_2=u_1+u_2$，…，$S_n=u_1+u_2+\cdots+u_n$得到一个数列，称 S_n 为无穷级数式（7-1）的**前 n 项部分和**（以下简称为**部分和**），这个数列记作$\{S_n\}$.

定义 7.2 若级数 $\sum\limits_{n=1}^{\infty} u_n$ 的部分和数列$\{S_n\}$的极限存在，即

$$\lim_{n\to\infty} S_n = S$$

则称**级数** $\sum_{n=1}^{\infty} u_n$ **收敛**，S 称为**级数和**，记作

$$\sum_{n=1}^{\infty} u_n = u_1 + u_2 + \cdots + u_n + \cdots = S$$

若 $\lim_{n\to\infty} S_n$ 不存在，则称**级数** $\sum_{n=1}^{\infty} u_n$ **发散**．发散级数没有和，但存在部分和 S_n．

在常数项级数中，应用较多的是等比数列构成的级数，这类级数简称为**等比级数**（**或几何级数**）．

例 1 中国古代思想家庄子的《庄子・天下》中有这样的描述："一尺之锤，日取其半，万世不竭．"意思是说：有一个一尺长的木棒，每天取这个木棒长度的一半，永远也取不完．当然这是一种朴素的唯物主义思想，现在的问题是：如何求每天取到的木棒的长度之和．

解 设木棒的长度为 1，则第 1 天取到的木棒的长度为 $\frac{1}{2}$，第 2 天取到的木棒的长度为 $\frac{1}{2}\cdot\frac{1}{2}=\frac{1}{2^2}$，第三天取到的木棒的长度为 $\frac{1}{2}\cdot\frac{1}{2^2}=\frac{1}{2^3}$．无限地取下去，则第 n 天取到的木棒的总长度为

$$S_n = \frac{1}{2}+\frac{1}{2^2}+\frac{1}{2^3}+\cdots+\frac{1}{2^n}=\frac{\frac{1}{2}\left[1-\left(\frac{1}{2}\right)^n\right]}{1-\frac{1}{2}}=1-\frac{1}{2^n}$$

随着天数 n 的增多，所取到木棒的总长度的极限为

$$S=\lim_{n\to\infty} S_n=\lim_{n\to\infty}\left(1-\frac{1}{2^n}\right)=1$$

例 2 将无穷级数

$$\sum_{n=0}^{\infty} aq^n = a + aq + aq^2 + \cdots + aq^n + \cdots \quad (a \neq 0)$$

称为等比级数或几何级数，q 称为级数的公比．试讨论级数的收敛性．

解 先求级数的部分和数列的表达式

$$S_n = a + aq + aq^2 + \cdots + aq^{n-1} = \frac{a(1-q^n)}{1-q} \quad (q \neq 1)$$

（1）若 $|q|<1$，有 $\lim_{n\to\infty} q^n = 0$，则 $\lim_{n\to\infty} S_n = \frac{a}{1-q}$．

(2) 若$|q|>1$，有$\lim\limits_{n\to\infty} q^n=\infty$，则$\lim\limits_{n\to\infty} S_n=\infty$.

(3) 若$q=1$，有$S_n=na$，则$\lim\limits_{n\to\infty} S_n=\infty$.

(4) 若$q=-1$，则级数变为

$$S_n=\underbrace{a-a+a-a+\cdots+(-1)^{n-1}a}_{n\text{个}}=\frac{1}{2}a\left[1-(-1)^n\right]$$

易见$\lim\limits_{n\to\infty}S_n$不存在.

综上所述，当$|q|<1$时，等比级数收敛，且$a+aq+aq^2+\cdots+aq^n+\cdots=\dfrac{a}{1-q}$.

7.1.2　无穷级数的基本性质

根据无穷级数收敛性的概念和极限运算法则，可以得出如下的基本性质.

性质7.1　增加、去掉或改变级数的任意有限项，级数的敛散性不变，但一般会改变收敛级数的和.

性质7.2　级数$\sum\limits_{n=1}^{\infty}u_n$与级数$\sum\limits_{n=1}^{\infty}ku_n(k\neq 0)$有相同的敛散性.

显然，当$\sum\limits_{n=1}^{\infty}u_n$收敛于$S$时，有$\sum\limits_{n=1}^{\infty}ku_n$收敛于$kS$.

性质7.3　设收敛级数$\sum\limits_{n=1}^{\infty}u_n=S_1$，$\sum\limits_{n=1}^{\infty}v_n=S_2$，则它们对应项相加或相减所得的级数$\sum\limits_{n=1}^{\infty}(u_n\pm v_n)$收敛于和$S=S_1\pm S_2$.

上述性质的证明从略.

去掉级数$\sum\limits_{n=1}^{\infty}u_n$的前$n$项，所得的级数$\sum\limits_{k=n+1}^{\infty}u_k$称为级数$\sum\limits_{n=1}^{\infty}u_n$的**余项**，记作$R_n$，即

$$R_n=u_{n+1}+u_{n+2}+u_{n+3}+\cdots$$

由性质7.1可知，若级数$\sum\limits_{n=1}^{\infty}u_n$收敛于$S$，则余项$R_n$也收敛，由于$R_n=S-S_n$，于是有

$$\lim_{n\to\infty}R_n=\lim_{n\to\infty}(S-S_n)=S-\lim_{n\to\infty}S_n=S-S=0$$

显然，$|R_n|$就是用S_n替代级数和S时所产生的误差，这是利用级数作近似计算的理论依据.

例3　判定级数$\sum\limits_{n=1}^{\infty}\left(\dfrac{1}{2^{n-1}}+\dfrac{5}{3^{n-1}}\right)$的敛散性.

解　因为$\sum\limits_{n=1}^{\infty}\frac{1}{2^{n-1}}$和$\sum\limits_{n=1}^{\infty}\frac{5}{3^{n-1}}$都是公比绝对值小于1的等比级数，所以它们都收敛．由性质7.1，级数$\sum\limits_{n=1}^{\infty}\left(\frac{1}{2^{n-1}}+\frac{5}{3^{n-1}}\right)$收敛，且

$$\sum_{n=1}^{\infty}\left(\frac{1}{2^{n-1}}+\frac{5}{3^{n-1}}\right)=\sum_{n=1}^{\infty}\frac{1}{2^{n-1}}+\sum_{n=1}^{\infty}\frac{5}{3^{n-1}}=2+5\times\frac{3}{2}=\frac{19}{2}$$

7.1.3　级数收敛的必要条件

定理7.1　若级数$\sum\limits_{n=1}^{\infty}u_n$收敛，则$\lim\limits_{n\to\infty}u_n=0$.

证明　因为$\sum\limits_{n=1}^{\infty}u_n$收敛，存在和$S=\lim\limits_{n\to\infty}S_n$，故

$$\lim_{n\to\infty}u_n=\lim_{n\to\infty}(S_n-S_{n-1})=\lim_{n\to\infty}S_n-\lim_{n\to\infty}S_{n-1}=S-S=0$$

需要特别指出的是，$\lim\limits_{n\to\infty}u_n=0$仅是级数收敛的必要条件，绝不能由$\lim\limits_{n\to\infty}u_n=0$就得出级数$\sum\limits_{n=1}^{\infty}u_n$收敛的结论．但利用此结论可以判定：当$\lim\limits_{n\to\infty}u_n\neq0$时，级数$\sum\limits_{n=1}^{\infty}u_n$一定发散.

例4　判定级数$\sum\limits_{n=1}^{\infty}\frac{n^2+2}{5n^2+1}$的敛散性．

解　因为

$$\lim_{n\to\infty}u_n=\lim_{n\to\infty}\frac{n^2+2}{5n^2+1}=\frac{1}{5}\neq0$$

所以，级数$\sum\limits_{n=1}^{\infty}\frac{n^2+2}{5n^2+1}$发散．

例5　证明调和级数$1+\frac{1}{2}+\frac{1}{3}+\cdots+\frac{1}{n}+\cdots$是发散的.

证明　对题设级数按下列方式加括号

$$\left(1+\frac{1}{2}\right)+\left(\frac{1}{3}+\frac{1}{4}\right)+\left(\frac{1}{5}+\frac{1}{6}+\frac{1}{7}+\frac{1}{8}\right)+\left(\frac{1}{9}+\frac{1}{10}+\cdots+\frac{1}{16}\right)+\cdots$$
$$+\left(\frac{1}{2^m+1}+\frac{1}{2^m+2}+\cdots+\frac{1}{2^{m+1}}\right)+\cdots$$

设所得新级数为$\sum\limits_{m=1}^{\infty}v_m$，则易见其每一项均大于$\frac{1}{2}$，从而当$m\to\infty$时，$v_m$不趋于0.由级数收敛的必要条件知$\sum\limits_{m=1}^{\infty}v_m$发散，所以调和级数$\sum\limits_{n=1}^{\infty}\frac{1}{n}$发散．证毕.

调和级数显然满足级数收敛的必要条件，但是却发散．我们以后常常碰到它，所以应记住该结论.

习题 7.1

1. 写出下列级数的前四项.

(1) $\sum_{n=1}^{\infty}\frac{1+n}{1+n^2}$；　　(2) $\sum_{n=1}^{\infty}\frac{(-1)^{n-1}}{5^n}$.

2. 写出下列级数的通项.

(1) $\frac{2}{1}-\frac{3}{2}+\frac{4}{3}-\frac{5}{4}+\frac{6}{5}-\cdots$；

(2) $\frac{\sqrt{x}}{2}+\frac{x}{2\times4}+\frac{x\sqrt{x}}{2\times4\times6}+\frac{x^2}{2\times4\times6\times8}+\cdots$.

3. 根据级数收敛性定义，判定下列级数的敛散性.

(1) $\sum_{n=1}^{\infty}(\sqrt{n+1}-\sqrt{n})$；

(2) $\frac{1}{1\times3}+\frac{1}{3\times5}+\frac{1}{5\times7}+\cdots+\frac{1}{n(n+2)}+\cdots$；

(3) $\sin\frac{\pi}{6}+\sin\frac{2\pi}{6}+\sin\frac{3\pi}{6}+\cdots+\sin\frac{n\pi}{6}+\cdots$.

4. 判定下列级数的敛散性.

(1) $\frac{1}{3}+\frac{1}{6}+\frac{1}{9}+\cdots+\frac{1}{3n}+\cdots$；　　(2) $\sum_{n=1}^{\infty}\left(-\frac{3}{\pi}\right)^{n-1}$；

(3) $\frac{1}{3}+\frac{1}{\sqrt{3}}+\frac{1}{\sqrt[3]{3}}+\cdots+\frac{1}{\sqrt[n]{3}}+\cdots$；　　(4) $\sum_{n=1}^{\infty}\left[\frac{1}{n^{1.5}}-\frac{1}{(n+1)^{1.5}}\right]$；

(5) $\sum_{n=1}^{\infty}\frac{1}{n(n+1)(n+2)}$.

7.2　正项级数及其审敛法

在级数的理论研究和实际应用中，正项级数是数项级数中比较简单但又非常重要的一种类型．本节将对正项级数的审敛法展开讨论.

若级数 $\sum_{n=1}^{\infty}u_n$ 的各项非负，即 $u_n\geqslant0$（$n=1, 2, 3, \cdots$），则称该级数为正项级数．由于

$$u_n=S_n-S_{n-1}$$

因此有

$$S_n=S_{n-1}+u_n\geqslant S_{n-1}$$

所以，正项级数的部分和数列$\{S_n\}$是单调不减的，即

$$S_1\leqslant S_2\leqslant S_3\leqslant\cdots\leqslant S_n\leqslant\cdots$$

7.2.1 比较审敛法

定理 7.2 设正项级数 $\sum\limits_{n=1}^{\infty}u_n$ 与$\sum\limits_{n=1}^{\infty}v_n$ 满足 $u_n\leqslant v_n$（$n=1, 2, 3, \cdots$）

(1) 若$\sum\limits_{n=1}^{\infty}v_n$ 收敛，则 $\sum\limits_{n=1}^{\infty}u_n$ 也收敛；

(2) 若$\sum\limits_{n=1}^{\infty}u_n$ 发散，则 $\sum\limits_{n=1}^{\infty}v_n$ 也发散.

例 1 判定下列级数的敛散性.

(1) $\sum\limits_{n=1}^{\infty}\sin\frac{\pi}{3^n}$；　　(2) $\sum\limits_{n=1}^{\infty}\frac{1}{\sqrt{1+n^2}}$，

解 (1) 所给级数的通项是 $u_n=\sin\frac{\pi}{3^n}\geqslant 0$（$n=1, 2, 3\cdots$），因而级数 $\sum\limits_{n=1}^{\infty}\sin\frac{\pi}{3^n}$ 是正项级数，又因为正弦函数 $\sin x$ 有这样的性质，当 $x\geqslant 0$ 时，有 $\sin x\leqslant x$，故有

$$u_n=\sin\frac{\pi}{3^n}\leqslant\frac{\pi}{3^n}\ (n=1, 2, 3, \cdots)$$

取 $v_n=\frac{\pi}{3^n}$，则 $\sum\limits_{n=1}^{\infty}v_n=\sum\limits_{n=1}^{\infty}\frac{\pi}{3^n}$ 为等比级数，公比$|q|=\frac{1}{3}<1$，因此级数 $\sum\limits_{n=1}^{\infty}\frac{\pi}{3^n}$收敛.

(2) 所给级数的通项是 $u_n=\frac{1}{\sqrt{1+n^2}}$，且当 $n\to\infty$时，u_n 与$\frac{1}{n}$为同阶无穷小，因此可猜想级数发散. 考察 $v_n=\frac{1}{n}$，由于 $\sum\limits_{n=1}^{\infty}\frac{1}{n}$ 发散，又

$$u_n=\frac{1}{\sqrt{1+n^2}}\geqslant\frac{1}{\sqrt{1+2n+n^2}}=\frac{1}{n+1}$$

级数 $\sum\limits_{n=1}^{\infty}\frac{1}{n+1}$ 是调和级数$\sum\limits_{n=1}^{\infty}\frac{1}{n}$ 去掉一项后得到的级数，去掉一项并不影响级数的发散性，故级数 $\sum\limits_{n=1}^{\infty}\frac{1}{n+1}$ 发散. 由比较审敛法知，级数 $\sum\limits_{n=1}^{\infty}\frac{1}{\sqrt{1+n^2}}$ 发散.

例 2 讨论 p-级数$\sum\limits_{n=1}^{\infty}\frac{1}{n^p}$ 的敛散性.

解 (1) 当$p\leqslant 1$时，$u_n=\frac{1}{n^p}\geqslant\frac{1}{n}$（$n=1, 2, 3, \cdots$），而 $\sum\limits_{n=1}^{\infty}\frac{1}{n}$ 发散，由定理7.1

可知$\sum_{n=1}^{\infty}\frac{1}{n^p}$发散.

(2) 当$p>1$时,

$$\sum_{n=1}^{\infty}\frac{1}{n^p}=1+\left(\frac{1}{2^p}+\frac{1}{3^p}\right)+\left(\frac{1}{4^p}+\frac{1}{5^p}+\frac{1}{6^p}+\frac{1}{7^p}\right)+\left(\frac{1}{8^p}+\cdots+\frac{1}{15^p}\right)+\cdots$$

$$<1+\left(\frac{1}{2^p}+\frac{1}{2^p}\right)+\left(\frac{1}{4^p}+\frac{1}{4^p}+\frac{1}{4^p}+\frac{1}{4^p}\right)+\left(\frac{1}{8^p}+\cdots+\frac{1}{8^p}\right)+\cdots$$

$$=1+\frac{1}{2^{p-1}}+\frac{1}{4^{p-1}}+\frac{1}{8^{p-1}}+\cdots$$

$$=1+\frac{1}{2^{p-1}}+\left(\frac{1}{2^{p-1}}\right)^2+\left(\frac{1}{2^{p-1}}\right)^3+\cdots$$

以上级数是等比级数，公比$q=\frac{1}{2^{p-1}}<1(p>1)$，所以该级数收敛，设其和为$M$.

又设$\sum_{n=1}^{\infty}\frac{1}{n^p}$的前$n$项部分和为$S_n$，故有$S_n<\sum_{n=1}^{\infty}\frac{1}{n^p}<M$，而$\{S_n\}$是单调不减数列，根据单调有界数列存在极限定理可知，$\lim\limits_{n\to\infty}S_n$存在，从而$\sum_{n=1}^{\infty}\frac{1}{n^p}$收敛.

综上所述：p-级数$\sum_{n=1}^{\infty}\frac{1}{n^p}$的敛散性如下：当$p\leqslant 1$时发散，当$p>1$时收敛.

在使用比较审敛法判定敛散性时，须有一个敛散性已知的级数作为比较的标准. 常用的这种标准级数有：等比级数、调和级数和p-级数.

7.2.2　比值审敛法

定理 7.3［达朗贝尔（d'Alembert）判别法］　设正项级数$\sum_{n=1}^{\infty}u_n$，如果极限

$$\lim_{n\to\infty}\frac{u_{n+1}}{u_n}=\rho$$

存在，则

(1) 当$\rho<1$时，级数收敛；

(2) 当$\rho>1$时，级数发散；

(3) 当$\rho=1$时，级数可能收敛，也可能发散.

例 3　判定下列级数的敛散性.

(1) $\sum_{n=1}^{\infty}\frac{3^n}{5^n-4^n}$；　　(2) $\sum_{n=1}^{\infty}\frac{n^n}{n!}$；　　(3) $\sum_{n=1}^{\infty}\frac{3n+2}{n^2+1}$.

解 （1）所给级数为正项级数，其通项为 $u_n=\frac{3^n}{5^n-4^n}$，利用级数收敛的定义、收敛的充要条件和比较审敛法都不太容易判定其敛散性，此处不妨用比值审敛法.

$$\lim_{n\to\infty}\frac{u_{n+1}}{u_n}=\lim_{n\to\infty}\frac{\frac{3^{n+1}}{5^{n+1}-4^{n+1}}}{\frac{3^n}{5^n-4^n}}=\lim_{n\to\infty}\frac{3}{5}\cdot\frac{1-\left(\frac{4}{5}\right)^n}{1-\left(\frac{4}{5}\right)^{n+1}}=\frac{3}{5}<1$$

由比值审敛法可知，所给级数收敛.

（2）所给级数为正项级数，其通项为 $u_n=\frac{n^n}{n!}$，又 $u_{n+1}=\frac{(n+1)^{n+1}}{(n+1)!}$

则
$$\lim_{n\to\infty}\frac{u_{n+1}}{u_n}=\lim_{n\to\infty}\frac{\frac{(n+1)^{n+1}}{(n+1)!}}{\frac{n^n}{n!}}=\lim_{n\to\infty}\left(1+\frac{1}{n}\right)^n=\mathrm{e}>1$$

所以，由比值审敛法知该级数发散.

（3）所给级数为正项级数，$u_n=\frac{3n+2}{n^2+1}$，$u_{n+1}=\frac{3(n+1)+2}{(n+1)^2+1}$.

由比值审敛法知

$$\lim_{n\to\infty}\frac{u_{n+1}}{u_n}=\lim_{n\to\infty}\frac{\frac{3(n+1)+2}{(n+1)^2+1}}{\frac{3n+2}{n^2+1}}=1$$

这表明不能利用比值判别法判定所给级数的敛散性，必须使用其他方法，利用比较审敛法的极限形式

$$\lim_{n\to\infty}\frac{u_n}{\frac{1}{n}}=\lim_{n\to\infty}\frac{\frac{3n+2}{n^2+1}}{\frac{1}{n}}=3$$

故级数 $\sum_{n=1}^{\infty}\frac{3n+2}{n^2+1}$ 应与级数 $\sum_{n=1}^{\infty}\frac{1}{n}$ 有相同的敛散性，即级数 $\sum_{n=1}^{\infty}\frac{3n+2}{n^2+1}$ 发散.

比值审敛法的特点是利用级数本身的第 $n+1$ 项和第 n 项之比的极限判定其敛散性，使用起来极为方便．值得注意的是，当比值审敛法失效时（$\rho=1$），要改用其他方法.

习题 7.2

1. 判定下列级数的敛散性.

（1）$1+\frac{1+2}{1+2^2}+\frac{1+3}{1+3^2}+\cdots+\frac{1+n}{1+n^2}+\cdots$；

(2) $\sin\frac{\pi}{4}+\sin\frac{\pi}{4^2}+\sin\frac{\pi}{4^3}+\cdots+\sin\frac{\pi}{4^n}+\cdots$;

(3) $\sum_{n=1}^{\infty}\frac{1}{1+a^n}(a>0)$;

(4) $\sum_{n=1}^{\infty}\frac{n^2}{4^n}$;

(5) $\sum_{n=1}^{\infty}n\tan\frac{\pi}{2^{n+1}}$;

(6) $\sum_{n=1}^{\infty}n\left(\frac{2}{5}\right)^n$.

7.3 任意项级数

既含正项又含负项的级数叫任意项级数，它的特点是在级数$\sum_{n=1}^{\infty}u_n$中总含有无穷多个正项和负项. 对只有有限项是正的或有限项是负的任意项级数，总可以转化成对正项级数的研究. 在任意项级数中，比较重要的是交错级数.

7.3.1 交错级数

如果在任意项级数中，正、负号交错出现，这样的任意项级数称为交错级数. 它的一般形式为

$$\sum_{n=1}^{\infty}(-1)^{n+1}u_n=u_1-u_2+u_3-u_4+\cdots+(-1)^{n+1}u_n+\cdots$$

或
$$\sum_{n=1}^{\infty}(-1)^n u_n=-u_1+u_2-u_3+u_4-\cdots+(-1)^n u_n+\cdots$$

其中 $u_n\geqslant 0$ ($n=1, 2, 3, \cdots$).

如 $\sum_{n=1}^{\infty}\frac{(-1)^n}{n}=-1+\frac{1}{2}-\frac{1}{3}+\frac{1}{4}-\cdots$ 是交错级数，但 $1-\frac{1}{2}-\frac{1}{3}+\frac{1}{4}-\frac{1}{5}-\frac{1}{6}+\cdots$ 不是交错级数. 下面介绍交错级数的审敛方法.

定理 7.4（莱布尼茨判别法） 设交错级数 $\sum_{n=1}^{\infty}(-1)^{n-1}u_n(u_n\geqslant 0)$ 满足

(1) $u_n\geqslant u_{n+1}$ ($n=1, 2, 3, \cdots$);

(2) $\lim\limits_{n\to\infty}u_n=0$.

则级数$\sum_{n=1}^{\infty}(-1)^{n-1}u_n$ 收敛，级数和 $S\leqslant u_1$，余项绝对值$|R_n|\leqslant u_{n+1}$.

例 1　判别级数 $1-\frac{1}{2}+\frac{1}{3}-\frac{1}{4}+\cdots+(-1)^{n-1}\frac{1}{n}+\cdots$的敛散性.

解　易见题设级数的一般项$(-1)^{n-1}u_n=\frac{(-1)^{n-1}}{n}$满足：

(1) $\frac{1}{n}\geqslant\frac{1}{n+1}$ ($n=1, 2, 3, \cdots$)；　　　(2) $\lim\limits_{n\to\infty}\frac{1}{n}=0$.

由莱布尼茨判别法可知级数 $1-\frac{1}{2}+\frac{1}{3}-\frac{1}{4}+\cdots+(-1)^{n-1}\frac{1}{n}+\cdots$收敛.

7.3.2　绝对收敛与条件收敛

定义 7.3　若$\sum\limits_{n=1}^{\infty}|u_n|$收敛，则称$\sum\limits_{n=1}^{\infty}u_n$绝对收敛.

如$\sum\limits_{n=1}^{\infty}(-1)^n\frac{1}{n^2}$就是绝对收敛.

定理 7.5　若$\sum\limits_{n=1}^{\infty}|u_n|$收敛，则$\sum\limits_{n=1}^{\infty}u_n$也收敛.

定义 7.4　若$\sum\limits_{n=1}^{\infty}u_n$收敛，而$\sum\limits_{n=1}^{\infty}|u_n|$发散，则称级数$\sum\limits_{n=1}^{\infty}u_n$条件收敛.

例 2　判别级数$\sum\limits_{n=1}^{\infty}\frac{\cos n\alpha}{n^2}$的敛散性.

解　所给级数是一般任意项级数，其通项为$u_n=\frac{\cos n\alpha}{n^2}$，因

$$\left|\frac{\cos n\alpha}{n^2}\right|\leqslant\frac{|\cos n\alpha|}{n^2}\leqslant\frac{1}{n^2}$$

而以$\frac{1}{n^2}$为通项的级数$\sum\limits_{n=1}^{\infty}\frac{1}{n^2}$为收敛级数，由比较审敛法知$\sum\limits_{n=1}^{\infty}\left|\frac{\cos n\alpha}{n^2}\right|$收敛，于是级数$\sum\limits_{n=1}^{\infty}\frac{\cos n\alpha}{n^2}$绝对收敛.

例 3　判别级数$\sum\limits_{n=1}^{\infty}(-1)^n\frac{\cos n\pi}{\sqrt{n\pi}}$的敛散性.

解　从形式上看，所给级数为交错级数. 但经仔细观察可知，$\cos n\pi=(-1)^n$，故上述级数的通项为

$$u_n=(-1)^n\frac{(-1)^n}{\sqrt{n\pi}}=\frac{1}{\sqrt{\pi}}\frac{1}{n^{\frac{1}{2}}}$$

又因为级数$\sum\limits_{n=1}^{\infty}\frac{1}{n^{\frac{1}{2}}}$发散，所以级数$\sum\limits_{n=1}^{\infty}(-1)^n\frac{\cos n\pi}{\sqrt{n\pi}}$发散.

习题 7.3

1. 判定下列级数是否收敛．如果收敛，判断是绝对收敛还是条件收敛.

(1) $\frac{1}{\ln 2}-\frac{1}{\ln 3}+\frac{1}{\ln 4}-\frac{1}{\ln 5}+\cdots$；

(2) $\sum_{n=1}^{\infty}\frac{(-1)^n}{\sqrt{n+3}}$；

(3) $\sum_{n=1}^{\infty}(-1)^{n-1}\frac{n}{3^{n-1}}$；

(4) $\sum_{n=1}^{\infty}(-1)^n\frac{\sin\frac{\pi}{n}}{\pi^2}$；

(5) $\frac{1}{2}-\frac{8}{4}+\frac{27}{8}-\frac{64}{16}+\cdots$；

(6) $\sum_{n=1}^{\infty}(-1)^{n-1}\frac{n}{(n+1)^2}$.

2. 下列命题正确的是（　　）.

A. 若级数 $\sum_{n=1}^{\infty}|u_n|$ 收敛，则 $\sum_{n=1}^{\infty}u_n$ 必定收敛

B. 若级数 $\sum_{n=1}^{\infty}|u_n|$ 发散，则 $\sum_{n=1}^{\infty}u_n$ 必定发散

C. 若级数 $\sum_{n=1}^{\infty}u_n$ 收敛，则 $\sum_{n=1}^{\infty}|u_n|$ 必定收敛

D. 若级数 $\sum_{n=1}^{\infty}u_n$ 发散，则 $\sum_{n=1}^{\infty}|u_n|$ 必定发散

7.4 幂 级 数

对于前面讨论的常数项级数，每一项都是常数．从本节起，将讨论各项都是函数的级数．

一般地，若 $u_1(x)$，$u_2(x)$，…，$u_n(x)$，…都在区间 I 内有定义，则称级数

$$\sum_{n=1}^{\infty}u_n(x)=u_1(x)+u_2(x)+\cdots+u_n(x)+\cdots \tag{7-2}$$

为 x 的函数项级数.

在函数项级数（7－2）中取 $x=x_0\in I$，得常数项级数

$$\sum_{n=1}^{\infty}u_n(x_0)=u_1(x_0)+u_2(x_0)+\cdots+u_n(x_0)+\cdots \tag{7-3}$$

若级数（7－3）收敛，则称 x_0 为函数项级数（7－2）的一个收敛点；反之，称 x_0 为函数项级数（7－2）的一个发散点．收敛点全体构成的集合，称为函数项级数的收敛域.

对函数项级数（7－2）收敛域中的一个值 x_0，必有一个和 $S(x_0)$ 与之对应，即

$$S(x_0)=u_1(x_0)+u_2(x_0)+\cdots+u_n(x_0)+\cdots$$

当 x 在收敛域内取任意值时，由对应关系，必有一个确定的和值 $S(x)$ 与 x 对应，就得到一个定义在收敛域上的和函数 $S(x)$，使得

$$S(x)=u_1(x)+u_2(x)+\cdots+u_n(x)+\cdots$$

仿照常数项级数讨论，称 $S_n(x)=\sum_{k=1}^{n}u_k(x)=u_1(x)+u_2(x)+\cdots+u_n(x)$ 为函数项级数(7-2) 的前 n 项部分和函数．即

$$S_n(x)=u_1(x)+u_2(x)+\cdots+u_n(x)$$

那么在收敛域内有 $\lim\limits_{n\to\infty}S_n(x)=S(x)$.

若以 $R_n(x)$ 记余项，即 $R_n(x)=S(x)-S_n(x)$，则在收敛域内同样有

$$\lim_{n\to\infty}R_n(x)=0$$

7.4.1 幂级数的收敛性

定义 7.5 称函数项级数

$$\sum_{n=0}^{\infty}a_nx^n=a_0+a_1x+a_2x^2+\cdots+a_nx^n+\cdots \tag{7-4}$$

为 x 的**幂级数**，其中 a_0，a_1，a_2，…，a_n，…是任意常数，叫作**幂级数的系数**.

思考：函数项级数（7-4）是否一定存在收敛点？

幂级数的一般形式是

$$\sum_{n=0}^{\infty}a_n(x-x_0)^n=a_0+a_1(x-x_0)+a_2(x-x_0)^2+\cdots+a_n(x-x_0)^n+\cdots$$

它可通过变换 $y=x-x_0$ 化为式（7-4），令 $x_0=0$ 也可得到式（7-4）．所以接下来主要讨论形如式（7-4）的幂级数.

定理 7.6 对于幂级数 $\sum\limits_{n=0}^{\infty}a_nx^n$，如果

$$\rho=\lim_{n\to\infty}\left|\frac{a_{n+1}}{a_n}\right|$$

则当 $|x|<\dfrac{1}{\rho}$ 时$\left(\text{如果 }\rho=0\text{，则换}\dfrac{1}{\rho}\text{为}\infty\right)$，该级数收敛；当 $|x|>\dfrac{1}{\rho}$ 时，该级数发散.

证明 幂级数 $\sum\limits_{n=0}^{\infty}a_nx^n$ 各项取绝对值所得的正项级数为

$$\sum_{n=0}^{\infty}|a_nx^n|=|a_0|+|a_1x|+|a_2x^2|+\cdots+|a_nx^n|+\cdots \tag{7-5}$$

由比值审敛法得

$$\lim_{n\to\infty}\left|\frac{a_{n+1}x^{n+1}}{a_nx^n}\right|=\lim_{n\to\infty}\left|\frac{a_{n+1}}{a_n}\right||x|=\rho|x|$$

（1）当$\rho|x|<1$，即$|x|<\frac{1}{\rho}$时，级数（7-5）收敛. 所以，级数$\sum\limits_{n=0}^{\infty}a_nx^n$绝对收敛，因此它必然收敛；

（2）当$\rho|x|>1$，即$|x|>\frac{1}{\rho}$时，即$\lim\limits_{n\to\infty}\left|\frac{a_{n+1}x^{n+1}}{a_nx^n}\right|>1$. 这时$\sum\limits_{n=0}^{\infty}a_nx^n$的各项的绝对值越来越大，有$\lim\limits_{n\to\infty}a_nx^n\neq 0$. 所以，级数$\sum\limits_{n=0}^{\infty}a_nx^n$发散.

由定理7.6可知，当$\rho\neq0$时，幂级数（7-4）在以原点为中心，$\frac{1}{\rho}$为半径的对称区间内是收敛的. 设$R=\frac{1}{\rho}$，则幂级数（7-4）在$(-R, R)$内收敛，称R为幂级数（7-4）的收敛半径. 在区间端点$x=\pm R$处的敛散性须另行讨论，最后可得到幂级数的收敛域，通常称其为幂级数的收敛区间.

例1 求下列幂级数的收敛域.

（1）$\sum\limits_{n=1}^{\infty}\frac{x^n}{n+2}$；　　（2）$\sum\limits_{n=1}^{\infty}\frac{(-3)^nx^n}{\sqrt{n+1}}$.

解 （1）幂级数的系数为$a_n=\frac{1}{n+2}$，因为

$$\lim_{n\to\infty}\left|\frac{\frac{1}{(n+1)+2}}{\frac{1}{n+2}}\right|=\lim_{n\to\infty}\left|\frac{n+2}{n+3}\right|=1=\rho$$

所以收敛半径$R=\frac{1}{\rho}=1$，其收敛区间为$(-1, 1)$. 当$x=1$时，级数$\sum\limits_{n=1}^{\infty}\frac{1}{n+2}$为调和级数，级数发散；当$x=-1$时，级数$\sum\limits_{n=1}^{\infty}\frac{(-1)^n}{n+2}$为交错级数，由莱布尼茨判别法知，级数收敛，从而级数$\sum\limits_{n=1}^{\infty}\frac{x^n}{n+2}$的收敛域为$[-1, 1)$.

（2）幂级数的系数为$a_n=\frac{(-3)^n}{\sqrt{n+1}}$，因为

$$\lim_{n\to\infty}\left|\frac{\frac{(-3)^{n+1}}{\sqrt{(n+1)+1}}}{\frac{(-3)^n}{\sqrt{n+1}}}\right|=\lim_{n\to\infty}\left|\frac{3\sqrt{n+1}}{\sqrt{n+2}}\right|=3=\rho$$

所以收敛半径$R=\frac{1}{\rho}=\frac{1}{3}$，其收敛区间为$\left(-\frac{1}{3}, \frac{1}{3}\right)$. 当$x=\frac{1}{3}$时，级数$\sum\limits_{n=1}^{\infty}\frac{(-3)^n\left(\frac{1}{3}\right)^n}{\sqrt{n+1}}=\sum\limits_{n=1}^{\infty}\frac{(-1)^n}{\sqrt{n+1}}$为交错级数，由莱布尼茨判别法可知，级数收敛；当$x=$

$-\frac{1}{3}$时，级数 $\sum\limits_{n=1}^{\infty}\frac{1}{\sqrt{n+1}}$ 发散，从而级数 $\sum\limits_{n=1}^{\infty}\frac{x^n}{n+2}$ 的收敛域为$\left(-\frac{1}{3},\ \frac{1}{3}\right]$.

7.4.2 幂级数的性质

下面列出幂级数的两个性质，略去证明.

性质 7.4 设幂级数$\sum\limits_{n=0}^{\infty}a_nx^n=S_1(x)$，$\sum\limits_{n=0}^{\infty}b_nx^n=S_2(x)$，收敛半径分别为 R_1 与 R_2，则

$$\sum_{n=0}^{\infty}a_nx^n\pm\sum_{n=0}^{\infty}b_nx^n=\sum_{n=0}^{\infty}(a_n\pm b_n)x^n=S_1(x)\pm S_2(x)$$

其收敛半径 $R=\min\{R_1,\ R_2\}$.

性质 7.5 设幂级数$\sum\limits_{n=0}^{\infty}a_nx^n$ 的和函数为 $S(x)$，收敛半径为 R，则在收敛区间（$-R$，R）（$R>0$）内有：

（1）和函数 $S(x)$ 连续；

（2）和函数 $S(x)$ 可导且可以逐项求导，即

$$S'(x)=\left(\sum_{n=0}^{\infty}a_nx^n\right)'=\sum_{n=0}^{\infty}(a_nx^n)'=\sum_{n=1}^{\infty}na_nx^{n-1}$$

收敛半径也是 R；

（3）和函数 $S(x)$ 可积，且可以逐项积分，即

$$\int_0^x S(x)\mathrm{d}x=\int_0^x\left(\sum_{n=0}^{\infty}a_nx^n\right)\mathrm{d}x=\sum_{n=0}^{\infty}\int_0^x a_nx^n\mathrm{d}x=\sum_{n=0}^{\infty}\frac{a_n}{n+1}x^{n+1}$$

收敛半径也是 R.

值得注意的是，逐项求导或逐项积分以后，虽然收敛半径不变，但在收敛区间的端点处的敛散性可能发生变化，这时需要重新审敛端点.

例 2 求幂级数 $x-\frac{x^2}{2}+\frac{x^3}{3}-\frac{x^4}{4}+\cdots$的和函数.

解 所给幂级数 $\sum\limits_{n=1}^{\infty}\frac{(-1)^{n-1}x^n}{n}$ 的收敛半径$R=1$，其和函数为 $S(x)$，在（-1，1）内有

$$S'(x)=\left(\sum_{n=1}^{\infty}\frac{(-1)^{n-1}x^n}{n}\right)'=\sum_{n=1}^{\infty}\left(\frac{(-1)^{n-1}x^n}{n}\right)'=\sum_{n=1}^{\infty}(-x)^{n-1}=\frac{1}{1+x}$$

$$S(x)=\int_0^x S'(x)\mathrm{d}x=\int_0^x\frac{1}{1+x}\mathrm{d}x=\ln(1+x)\Big|_0^x=\ln(1+x)$$

当 $x=1$ 时，级数为 $\sum\limits_{n=1}^{\infty}\frac{(-1)^{n-1}}{n}$是收敛的；当 $x=-1$ 时，级数为$-\sum\limits_{n=1}^{\infty}\frac{1}{n}$，级数发散．因此，幂级数的收敛域为（$-1$，1]，在收敛域内和函数 $S(x)=\ln(1+x)$.

例 3 求幂级数 $\sum\limits_{n=0}^{\infty}nx^{n-1}$ 的和函数.

解　所给幂级数收敛半径$R=1$，收敛区间为（-1，1），

设$S(x)=\sum\limits_{n=0}^{\infty}nx^{n-1}$，那么

$$\int_0^x S(x)\mathrm{d}x=\int_0^x\Big(\sum_{n=0}^{\infty}nx^{n-1}\Big)\mathrm{d}x=\sum_{n=0}^{\infty}\int_0^x nx^{n-1}\mathrm{d}x==\sum_{n=0}^{\infty}x^n$$

$$=1+x+x^2+\cdots+x^n+\cdots=\frac{1}{1-x}$$

所以$S(x)=\Big(\int_0^x S(x)\mathrm{d}x\Big)'=\Big(\frac{1}{1-x}\Big)'=\frac{1}{(1-x)^2},x\in(-1,1)$.

幂级数求和的一般步骤为：

（1）对所给幂级数进行逐项求导或逐项积分；

（2）求出（1）中所得幂级数的和函数；

（3）对（2）中所得的幂级数的和函数进行积分或求导运算即可得到所求幂级数的和函数.

习题 7.4

1. 求下列幂级数的收敛半径和收敛域.

(1) $\frac{x}{2}+\frac{x^2}{2\cdot4}+\frac{x^3}{2\cdot4\cdot6}+\cdots$；　　(2) $\sum\limits_{n=0}^{\infty}\frac{n^2}{n^2+1}x^n$；

(3) $\sum\limits_{n=1}^{\infty}\frac{(x-5)^n}{\sqrt{n}}$；　　(4) $\sum\limits_{n=1}^{\infty}(-1)^n\frac{x^{2n+1}}{2n+1}$；

2. 求下列幂级数的和函数.

(1) $x+2x^2+3x^3+\cdots+nx^n+\cdots$；

(2) $1-x+\frac{x^2}{2}+\cdots+(-1)^n\frac{x^n}{n}+\cdots$；

(3) $\sum\limits_{n=1}^{\infty}\frac{x^{4n+1}}{4n+1}$；

(4) $x+\frac{x^2}{2}+\frac{x^5}{5}+\cdots+\frac{x^{2n-1}}{2n-1}+\cdots$.

7.5　函数的幂级数展开

7.4 节讨论了幂级数在收敛区间的和函数问题，下面将研究其逆问题，即研究如何把任意一个已知函数$f(x)$表示成一个幂级数，讨论展开的幂级数是否以$f(x)$为和函数.

7.5.1　麦克劳林级数

函数$f(x)$的麦克劳林多项式为：

$$f(x)=f(0)+f'(0)x+\frac{f''(0)}{2!}x^2+\cdots+\frac{f^{(n)}(0)}{n!}x^n$$

当 $n\to\infty$ 时，函数 $f(x)$ 的麦克劳林多项式变成如下形式的幂级数：

$$f(x)=f(0)+f'(0)x+\frac{f''(0)}{2!}x^2+\cdots+\frac{f^{(n)}(0)}{n!}x^n+\cdots \tag{7-6}$$

以上级数称为 $f(x)$ 的麦克劳林级数．那么，它是否以函数 $f(x)$ 为和函数呢？令式（7－6）前 $n+1$ 项的和为 $S_{n+1}(x)$，即

$$S_{n+1}(x)=f(x)=f(0)+f'(0)x+\frac{f''(0)}{2!}x^2+\cdots+\frac{f^{(n)}(0)}{n!}x^n$$

那么，级数（7－6）收敛于 $f(x)$ 的条件为

$$\lim_{n\to\infty}S_{n+1}(x)=f(x)$$

事实上 $f(x)=S_{n+1}(x)+R_n(x)$．当 $\lim\limits_{n\to\infty}R_n(x)=0$ 时，有 $\lim\limits_{n\to\infty}S_{n+1}(x)=f(x)$；反之，若 $\lim\limits_{n\to\infty}S_{n+1}(x)=f(x)$，必有 $\lim\limits_{n\to\infty}R_n(x)=0$.

因此，麦克劳林级数式（7－6）以 $f(x)$ 为和函数的充要条件是麦克劳林公式中的余项 $R_n(x)\to 0$（当 $n\to\infty$ 时）.

函数 $f(x)$ 的幂级数展开式为：

$$f(x)=f(0)+f'(0)x+\frac{f''(0)}{2!}x^2+\cdots+\frac{f^{(n)}(0)}{n!}x^n+\cdots \tag{7-7}$$

如果 $f(x)$ 在 x_0 的邻域内有任意阶导数，则幂级数

$$f(x)=f(x_0)+f'(x_0)(x-x_0)+\frac{f''(x_0)}{2!}(x-x_0)^2+\cdots+\frac{f^{(n)}(x_0)}{n!}(x-x_0)^n+\cdots \tag{7-8}$$

称为**泰勒级数**．令 $x_0=0$，即得麦克劳林级数.

7.5.2 将函数展开成幂级数的两种方法

1. 直接展开法

利用麦克劳林公式将函数展开成幂级数的方法称为直接展开法，本方法的特点是直接计算 $a_n=\dfrac{f^{(n)}(0)}{n!}$（$n=0$，1，2，3，…）.

例 1 试将函数 $f(x)=\mathrm{e}^x$ 展开成 x 的幂级数.

解 $f(x)=\mathrm{e}^x$，$f^{(n)}(x)=\mathrm{e}^x(n=1，2，3，\cdots)$

$f(0)=1$，$f^{(n)}(0)=1(n=1，2，3，\cdots)$

得到幂级数

$$1+x+\frac{x^2}{2!}+\frac{x^3}{3!}+\cdots+\frac{x^n}{n!}+\cdots$$

显然，该幂级数的收敛区间为（$-\infty$，$+\infty$）.

由于$|R_n(x)|=\left|\frac{e^{\xi}}{(n+1)!}x^{n+1}\right|<e^{|x|}\cdot\frac{|x|^{n+1}}{(n+1)!}$（$\xi$介于0和$x$之间），$e^{|x|}$是常值，级数$\sum_{n=1}^{\infty}\frac{|x|^{n+1}}{(n+1)!}$是绝对收敛，所以有$\lim_{n\to\infty}\frac{|x|^{n+1}}{(n+!)!}=0$，从而，$\lim_{n\to\infty}e^{|x|}\frac{|x|^{n+1}}{(n+!)!}=0$.

所以

$$\lim_{n\to\infty}R_n(x)=0$$

故有

$$e^x=1+x+\frac{x^2}{2!}+\frac{x^3}{3!}+\cdots+\frac{x^n}{n!}+\cdots(-\infty<x<+\infty)$$

例2 将$f(x)=\sin x$展开成x的幂级数.

解 $f(x)=\sin x$，$f^{(n)}(x)=\sin\left(x+n\cdot\frac{\pi}{2}\right)$（$n=1$，2，3，…）

$$f(0)=0,f^{(n)}(0)=\sin\frac{n\pi}{2}(n=1,2,3,\cdots)$$

当$n=2k$时，$f^{(2k)}(0)=\sin k\pi=0$.

当$n=2k+1$时，

$$f^{(2k+1)}(0)=\sin\frac{2k+1}{2}\pi=\sin\left(k\pi+\frac{\pi}{2}\right)=\cos k\pi=\begin{cases}1 & k\text{ 为偶数;}\\-1 & k\text{ 为奇数.}\end{cases}$$

得幂级数

$$x-\frac{x^3}{3!}+\frac{x^5}{5!}+\cdots+(-1)^k\frac{x^{2k+1}}{(2k+1)!}+\cdots$$

收敛区间为（$-\infty$，$+\infty$），类似于例1，可以证明

$$|R_n(x)|\to0(\text{当 }n\to\infty\text{时})$$

故有

$$\sin x=x-\frac{x^3}{3!}+\frac{x^5}{5!}+\cdots+(-1)^k\frac{x^{2k+1}}{(2k+1)!}+\cdots(-\infty<x<+\infty)$$

利用逐项求导法可得

$$\cos x=1-\frac{x^2}{2!}+\frac{x^4}{4!}+\cdots+(-1)^k\frac{x^{2k}}{(2k)!}+\cdots(-\infty<x<\infty)$$

直接展开法的缺点是讨论$\lim_{n\to\infty}R_n(x)$是否为零是一件很烦琐的事，而下面的方法就避开了这一问题.

2. 间接展开法

间接展开法是利用已知的函数的幂级数展开式，运用幂级数的运算（逐项相加、逐

项求导和逐项积分等）和变量替换等方法求得函数的幂级数展开式.

例 3 将函数 $f(x)=\ln(1+x)$ 展成 x 的幂级数.

解 $f'(x)=(\ln(1+x))'=\dfrac{1}{1+x}$

而 $\dfrac{1}{1+x}=1-x+x^2-\cdots+(-1)^n x^n+\cdots\ (-1<x<1)$

再根据幂级数的和函数的性质，将上式两边积分得

$$\ln(1+x)=x-\frac{x^2}{2}+\frac{x^3}{3}+\cdots+(-1)^n\frac{x^{n+1}}{n+1}+\cdots(-1<x<1)$$

又当 $x=1$ 时，幂级数 $\sum\limits_{n=1}^{\infty}\dfrac{(-1)^n x^{n+1}}{n+1}$ 收敛，其和函数在 $x=1$ 处有定义且连续，从而 $\ln(1+x)=x-\dfrac{x^2}{2}+\dfrac{x^3}{3}+\cdots+(-1)^n\dfrac{x^{n+1}}{n+1}+\cdots$ 对 $-1<x\leqslant 1$ 都成立.

例 4 将函数 $f(x)=\dfrac{1}{x^2-2x-3}$ 展成 $x-1$ 的幂级数.

解 因为 $f(x)=\dfrac{1}{x^2-2x-3}=\dfrac{1}{(x-3)(x+1)}=\dfrac{1}{4}(\dfrac{1}{x-3}-\dfrac{1}{1+x})$

而 $\dfrac{1}{x-3}=-\dfrac{1}{2}\cdot\dfrac{1}{1+\dfrac{x-1}{-2}}=-\dfrac{1}{2}\left[1+\dfrac{x-1}{2}+\left(\dfrac{x-1}{2}\right)^2+\cdots+\left(\dfrac{x-1}{2}\right)^n+\cdots\right]$

$\dfrac{1}{x+1}=-\dfrac{1}{2}\cdot\dfrac{1}{1+\dfrac{x-1}{2}}=-\dfrac{1}{2}\left[1-\dfrac{x-1}{2}+\left(\dfrac{x-1}{2}\right)^2+\cdots+\left(-\dfrac{x-1}{2}\right)^n+\cdots\right]$

所以 $f(x)=\dfrac{1}{4}\left(\dfrac{1}{x-3}-\dfrac{1}{x+1}\right)=-\dfrac{1}{8}\sum\limits_{n=1}^{\infty}\left(\dfrac{x-1}{2}\right)^n-\dfrac{1}{8}\sum\limits_{n=1}^{\infty}\left(-\dfrac{x-1}{2}\right)^n(-1<x<3)$

间接展开法求函数的幂级数展开式，要用到几个常用函数的幂级数展开式，我们将其列在下面，便于读者查用.

$e^x=1+x+\dfrac{x^2}{2!}+\dfrac{x^3}{3!}+\cdots+\dfrac{x^n}{n!}+\cdots\ (-\infty<x<+\infty)$

$\ln(1+x)=x-\dfrac{1}{2}x^2+\dfrac{1}{3}x^3-\cdots+(-1)^n\dfrac{x^{n+1}}{n+1}+\cdots(-1<x\leqslant 1)$

$\sin x=x-\dfrac{x^3}{3!}+\dfrac{x^5}{5!}+\cdots+(-1)^n\dfrac{x^{2n+1}}{(2n+1)!}+\cdots\ (-\infty<x<+\infty)$

$\cos x=1-\dfrac{x^2}{2!}+\dfrac{x^4}{4!}+\cdots+(-1)^n\dfrac{x^{2n}}{(2n)!}+\cdots\ (-\infty<x<\infty)$

$\arctan x=x-\dfrac{x^3}{3}+\dfrac{x^5}{5}+\cdots+(-1)^n\dfrac{x^{2n+1}}{2n+1}+\cdots\ (-1\leqslant x\leqslant 1)$

$$(1+x)^m=1+mx+\frac{m(m-1)}{2!}x^2+\cdots+\frac{m(m-1)\cdots(m-n+1)}{n!}x^n+\cdots(-1<x<1)$$

最后一个二项展开式在端点的敛散性与 m 有关，要根据 m 的值另行讨论.

习题 7.5

1. 用间接展开法把下列函数展成 x 的幂级数，并求使展开式成立的区间.

(1) $\ln(5+x)$；　　(2) 2^x；

(3) $\dfrac{e^{\frac{x}{2}}+1}{2}$；　　(4) $\dfrac{x}{\sqrt{1+x^2}}$.

2. 将函数 $f(x)=\dfrac{1}{x}$ 展成 $x-1$ 的幂级数.

3. 将函数 $f(x)=\cos x$ 展成 $x+\dfrac{\pi}{3}$ 的幂级数.

4. 将函数 $f(x)=\dfrac{1}{x^2+3x+2}$ 展成 $x+4$ 的幂级数.

第8章　向量代数与空间解析几何

空间解析几何的产生是数学史上一个划时代的成就，法国数学家笛卡尔和费马均于17世纪上半叶对此做出了开创性的工作．代数学的优越性在于推理方法的程序化，鉴于这种优越性，人们产生了用代数方法研究几何问题的思想，这就是解析几何的基本思想．本章先介绍向量代数的有关知识，以此为基础再介绍空间解析几何的有关知识.

8.1　空间直角坐标系

8.1.1　空间直角坐标系

要用代数的方法研究空间图形，首先要建立空间的点与有序数组之间的联系，这个需要通过建立空间直角坐标系来实现，那么什么是空间直角坐标系呢?

类似于平面直角坐标系，在空间中作三条两两互相垂直且有公共原点的数轴，一般取相同的长度单位. 这三条数轴分别叫 x 轴（横轴）、y 轴（纵轴）、z 轴（竖轴），它们统称为坐标轴. 通常把 x 轴、y 轴放置于水平面上，而 z 轴则是铅垂线，规定它们的正向满足右手法则，即以右手握住 z 轴，握拳时四个手指弯曲的方向由 x 轴到 y 轴，大拇指的指向就是 z 轴的正向，如图 8－1 所示，这样的三条坐标轴就构成了一个**空间直角坐标系**. 公共原点就叫**坐标系的原点**（或**原点**），记为 O.

三条坐标轴中的任意两条都可确定一个平面，这样定出的三个平面统称为**坐标面**，依次叫作 xOy 面、yOz 面、zOx 面. 三个坐标面把空间分成八个部分，每一部分叫作一个**卦限**. 含有 x 轴、y 轴、z 轴正半轴的那个卦限叫作**第一卦限**，在 xOy 面上方的其他三个卦限，按逆时针方向分别叫作第二、第三、第四卦限；在 xOy 面下方与第一、第二、第三、第四卦限相对应的卦限分别叫作第五、第六、第七、第八卦限. 这八个卦限分别用Ⅰ、Ⅱ、Ⅲ、Ⅳ、Ⅴ、Ⅵ、Ⅶ、Ⅷ表示，如图 8－2 所示.

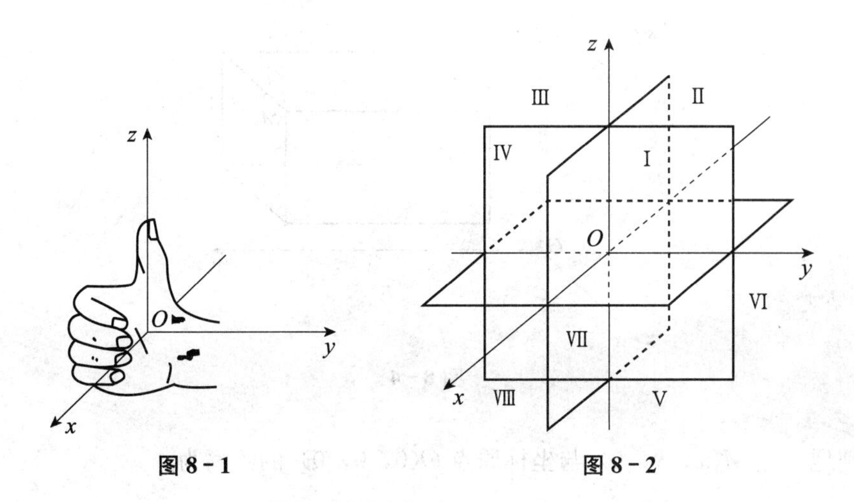

图8-1　　图8-2

设M为空间一已知点，过点M分别作x轴、y轴、z轴的垂线，垂足依次为P、Q、R，如图8-3所示，这三点在x轴、y轴、z轴上的坐标依次为x，y，z. 于是空间的一点M就唯一地确定了一个有序数组x，y，z；反过来，一个有序数组x，y，z也可以唯一确定空间的一点M. 这样，空间的点M和有序数组x，y，z之间就建立了一一对应关系. 这组数叫点M的坐标，依次称为点M的横坐标、纵坐标和竖坐标. 坐标为x，y，z的点M记为$M(x, y, z)$.

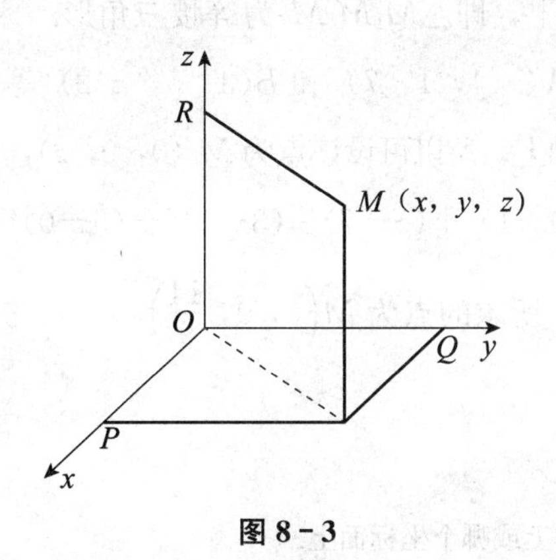

图8-3

8.1.2　空间两点间的距离

如图8-4所示，设$M_1(x_1, y_1, z_1)$、$M_2(x_2, y_2, z_2)$为空间两点，则这两点间的距离为

$$d=|M_1M_2|=\sqrt{(x_2-x_1)^2+(y_2-y_1)^2+(z_2-z_1)^2} \tag{8-1}$$

这就是空间两点间的距离公式.

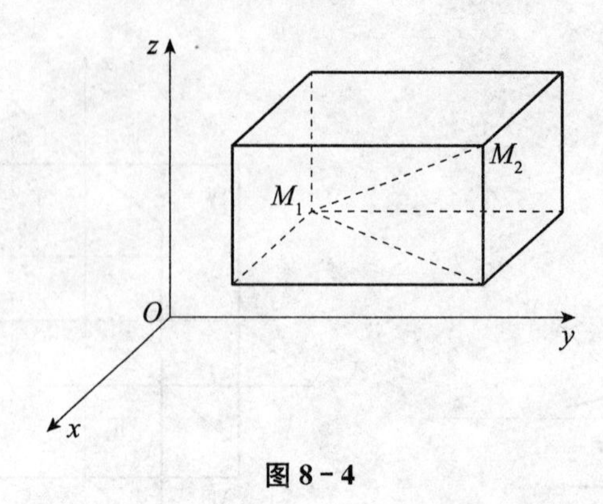

图 8-4

特别地，点 $M(x, y, z)$ 与坐标原点 $O(0, 0, 0)$ 的距离为

$$d=|OM|=\sqrt{x^2+y^2+z^2} \tag{8-2}$$

例 1 求证：以 $M_1(4, 3, 1)$、$M_2(7, 1, 2)$、$M_3(5, 2, 3)$ 三点为顶点的三角形是一个等腰三角形.

证明 因为
$$|M_1M_2|^2=(7-4)^2+(1-3)^2+(2-1)^2=14$$
$$|M_2M_3|^2=(5-7)^2+(2-1)^2+(3-2)^2=6$$
$$|M_1M_3|^2=(5-4)^2+(2-3)^2+(3-1)^2=6$$

所以 $|M_2M_3|=|M_1M_3|$，即 $\triangle M_1M_2M_3$ 为等腰三角形.

例 2 在 z 轴上求与 $A(-4, 1, 7)$ 和 $B(3, 5, -2)$ 等距离的点.

解 因所求之点在 z 轴上，所以可设该点为 $M(0, 0, z)$，依题意有 $|MA|^2=|MB|^2$，

即
$$(0+4)^2+(0-1)^2+(z-7)^2=(3-0)^2+(5-0)^2+(-2-z)^2$$

解之得 $z=\frac{14}{9}$. 所以，所求的点为 $M\left(0, 0, \frac{14}{9}\right)$.

习题 8.1

1. 指出下列各点在哪个轴上或哪个坐标面上.

(1) $(5, 0, 0)$；　　(2) $(0, -6, 0)$；

(3) $(0, -5, 1)$；　　(4) $(4, 0, 2)$.

2. 问点 $M(x, y, z)$ 到各坐标平面的距离各是多少？到各坐标轴的距离各是多少？

3. 一立方体放在 xOy 面上，其底面中心在原点上，底面的顶点分别在 x，y 轴上. 已知立方体边长为 a，求它的各顶点的坐标.

4. 求与点 $M(x, y, z)$ 关于各坐标轴、坐标面和坐标原点对称的点的坐标.

5. 在 z 轴上求一点 M，使其到点 $A(1, 0, 2)$ 和 $B(1, -3, 1)$ 的距离相等.

8.2 空间向量

8.2.1 向量及其几何表示

常遇到的量有两类，一类是只有大小没有方向的量，如长度、面积、体积、温度等，这类量称为**标量**；另一类是不但有大小而且有方向的量，如力、速度、位移等，这类量称为**向量**.

常用有向线段来表示向量，有向线段的长度表示向量的大小，有向线段的方向表示向量的方向．如以 M 为起点、N 为终点的向量，可记为$\overrightarrow{MN}$，如图 8－5 所示．为了方便，也常用 $\boldsymbol{a}$，$\boldsymbol{b}$，$\boldsymbol{c}$ 等表示向量.

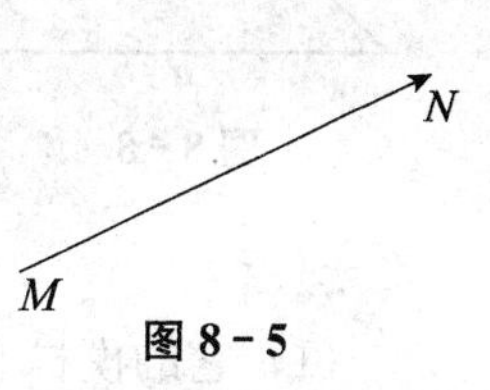

图 8－5

向量的大小称为**向量的模**，向量 $\boldsymbol{a}$ 的模记为$|\boldsymbol{a}|$．模等于 1 的向量称为**单位向量**．模等于 0 的向量称为**零向量**，记为 $\mathbf{0}$，零向量没有确定的方向．与向量 $\boldsymbol{a}$ 的模相等而方向相反的向量称为 $\boldsymbol{a}$ 的**负向量**，记作 $-\boldsymbol{a}$. 如果向量 $\boldsymbol{a}$ 与 $\boldsymbol{b}$ 大小相等且方向相同，就称 $\boldsymbol{a}$ 与 $\boldsymbol{b}$ 相等，记为 $\boldsymbol{a}=\boldsymbol{b}$. 这里不管这两个向量的起点是否相同.

如果向量 $\boldsymbol{a}$，$\boldsymbol{b}$ 为两个非零向量，将它们的起点平移在一起，两者正向之间的夹角即为 $\boldsymbol{a}$,$\boldsymbol{b}$ 的夹角，记为 $(\widehat{\boldsymbol{a},\boldsymbol{b}})$，显然有 $(\widehat{\boldsymbol{a},\boldsymbol{b}})\in[0,\pi]$.

8.2.2 向量的线性运算

向量的线性运算包括加法、减法和数乘运算。

1. 向量的加法

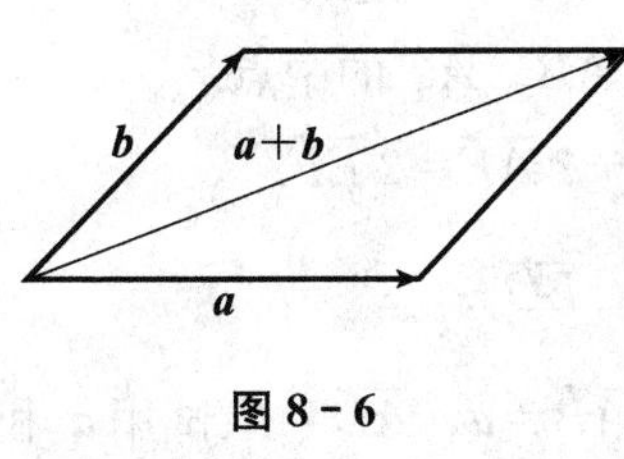

图 8－6

力或速度的合成是依平行四边形法则施行的，向量的加法是这类合成的一种抽象．如图 8－6 所示，以两个向量 $\boldsymbol{a}$，$\boldsymbol{b}$ 为邻边所作的平行四边形的对角线所表示的向量即为向量 $\boldsymbol{a}$ 与 $\boldsymbol{b}$ 的和，记为 $\boldsymbol{a}+\boldsymbol{b}$，它可由平行四边形法则得到.

因为向量是自由向量，若将 $\boldsymbol{a}$，$\boldsymbol{b}$ 平移成首尾相接状态，则相连的有向折线段的起点到终点的向量也是 $\boldsymbol{a}+\boldsymbol{b}$，此时三个向量构成一个三角形，这种求向量的和的方法称为三角形法则，如图 8－7 所示.

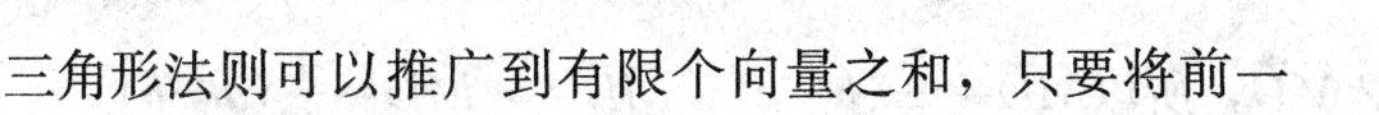

图 8－7

三角形法则可以推广到有限个向量之和，只要将前一个向量的终点作为后一个向量的起点，一直进行到最后一个向量即可．从第一个向量的起点到最后一个向量的终点所连接的向量即为这多个向量之和．

容易验证，向量加法满足以下运算律：

交换律：$\boldsymbol{a}+\boldsymbol{b}=\boldsymbol{b}+\boldsymbol{a}$；

结合律：$(\boldsymbol{a}+\boldsymbol{b})+\boldsymbol{c}=\boldsymbol{a}+(\boldsymbol{b}+\boldsymbol{c})$．

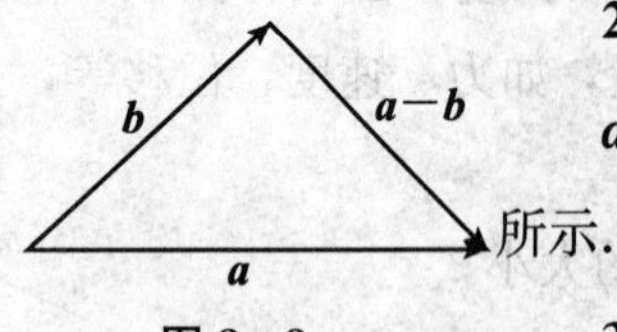

图 8-8

2. 向量的减法

$\boldsymbol{a}-\boldsymbol{b}$ 定义为 $\boldsymbol{a}$ 与 $\boldsymbol{b}$ 的差，它可由三角形法则得到，如图 8-8 所示．

3. 数乘向量

规定实数 λ 与向量的乘积 $\lambda\boldsymbol{a}$ 为这样的一个向量：

（1）它的模 $|\lambda\boldsymbol{a}|=|\lambda||\boldsymbol{a}|$；

（2）它的方向的确定方法为：当 $\lambda>0$ 时 $\lambda\boldsymbol{a}$ 与 $\boldsymbol{a}$ 的方向一致；当 $\lambda<0$ 时 $\lambda\boldsymbol{a}$ 与 $\boldsymbol{a}$ 的方向相反；当 $\lambda=0$ 时，$\lambda\boldsymbol{a}$ 是零向量，要注意的是 $\lambda\boldsymbol{a}$ 仍是一个向量．

数乘向量满足结合律与分配律，即

$$\mu(\lambda\boldsymbol{a})=\lambda(\mu\boldsymbol{a})=(\lambda\mu)\boldsymbol{a}$$

$$(\lambda+\mu)\boldsymbol{a}=\lambda\boldsymbol{a}+\mu\boldsymbol{a}$$

$$\lambda(\boldsymbol{a}+\boldsymbol{b})=\lambda\boldsymbol{a}+\lambda\boldsymbol{b}$$

其中 λ，μ 都是实数．

此外，还可得到两个非零向量 $\boldsymbol{a}$ 与 $\boldsymbol{b}$ 平行（也称共线）的充要条件是 $\boldsymbol{a}=\lambda\boldsymbol{b}$，其中 λ 是非零常数．

例 1　证明任意三角形两边中点的连线平行于第三边且等于第三边的一半．

证明　如图 8-9 所示，E，F 是任意三角形 ABC 的边 AB，AC 的中点．

其中 $\overrightarrow{AB}=2\overrightarrow{AE}$，$\overrightarrow{AC}=2\overrightarrow{AF}$，而 $\overrightarrow{BC}=\overrightarrow{AC}-\overrightarrow{AB}=2\overrightarrow{AF}-2\overrightarrow{AE}=2\overrightarrow{EF}$．

因此，$\overrightarrow{EF}$ 与 $\overrightarrow{BC}$ 平行，且 $|\overrightarrow{BC}|=2|\overrightarrow{EF}|$，即 $|\overrightarrow{EF}|=\frac{1}{2}|\overrightarrow{BC}|$．

例 2　如图 8-10 所示，在平行四边形 $ABCD$ 中，设 $\overrightarrow{AB}=\boldsymbol{a}$，$\overrightarrow{AD}=\boldsymbol{b}$．试用 $\boldsymbol{a}$ 和 $\boldsymbol{b}$ 表示向量 $\overrightarrow{MA}$、$\overrightarrow{MB}$、$\overrightarrow{MC}$、$\overrightarrow{MD}$，其中 M 是平行四边形对角线的交点．

解　由于平行四边形的对角线互相平分，所以

$$\boldsymbol{a}+\boldsymbol{b}=\overrightarrow{AC}=2\overrightarrow{AM}=-2\overrightarrow{MA}$$

于是 $\overrightarrow{MA}=-\frac{1}{2}(\boldsymbol{a}+\boldsymbol{b})$，$\overrightarrow{MC}=-\overrightarrow{MA}=\frac{1}{2}(\boldsymbol{a}+\boldsymbol{b})$．

因为 $-\boldsymbol{a}+\boldsymbol{b}=\overrightarrow{BD}=2\overrightarrow{MD}$，所以 $\overrightarrow{MD}=\frac{1}{2}(\boldsymbol{b}-\boldsymbol{a})$，$\overrightarrow{MB}=-\overrightarrow{MD}=\frac{1}{2}(\boldsymbol{a}-\boldsymbol{b})$．

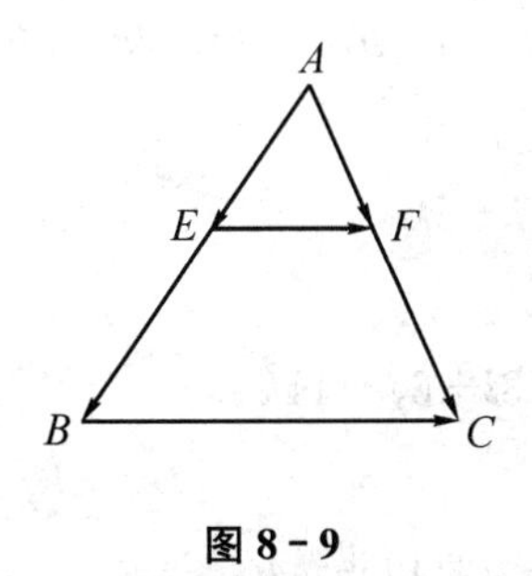

图 8-9

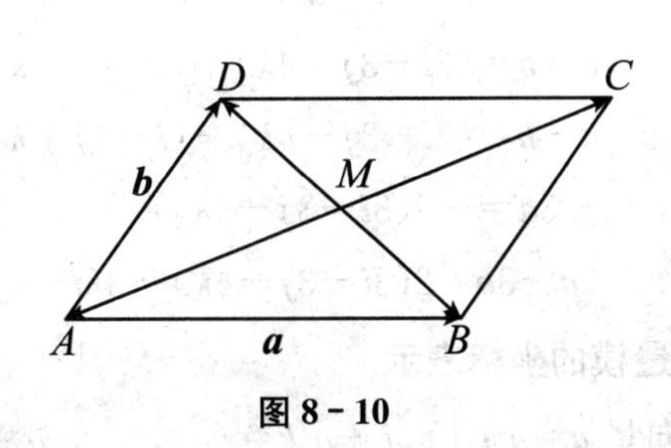

图 8-10

8.2.3　向量的坐标表示

在直角坐标系中，起点为原点 O、终点为点 M 的向量$\overrightarrow{OM}$称为点 M 的向径，记为 $\boldsymbol{r}$ 或$\overrightarrow{OM}$，如图 8-11 所示．在坐标轴上分别与 x 轴，y 轴，z 轴正方向相同的单位向量，称为坐标系的基本单位向量，分别用 $\boldsymbol{i}$，$\boldsymbol{j}$，$\boldsymbol{k}$ 表示．若点 M 的坐标为 (x, y, z)，则有$\overrightarrow{OA}=x\boldsymbol{i}$，$\overrightarrow{OB}=y\boldsymbol{j}$，$\overrightarrow{OC}=z\boldsymbol{k}$，由向量的加法得

$$\overrightarrow{OM}=\overrightarrow{OM'}+\overrightarrow{M'M}=\overrightarrow{OA}+\overrightarrow{OB}+\overrightarrow{OC}=x\boldsymbol{i}+y\boldsymbol{j}+z\boldsymbol{k} \tag{8-3}$$

数组 x，y，z 称为向径$\overrightarrow{OM}$的坐标，记为 (x, y, z)，即

$$\overrightarrow{OM}=(x, y, z)$$

式 (8-3) 称为向径$\overrightarrow{OM}$的坐标表示式.

1. 向量的坐标表示式

设两点 $M_1(x_1, y_1, z_1)$，$M_2(x_2, y_2, z_2)$，由图 8-12 可知，以 M_1 为起点、M_2 为终点的向量

$$\overrightarrow{M_1M_2}=\overrightarrow{OM_2}-\overrightarrow{OM_1}$$

因为
$$\overrightarrow{OM_1}=x_1\boldsymbol{i}+y_1\boldsymbol{j}+z_1\boldsymbol{k}\quad \overrightarrow{OM_2}=x_2\boldsymbol{i}+y_2\boldsymbol{j}+z_2\boldsymbol{k}$$

所以
$$\overrightarrow{M_1M_2}=(x_2-x_1)\boldsymbol{i}+(y_2-y_1)\boldsymbol{j}+(z_2-z_1)\boldsymbol{k}$$

数组 x_2-x_1，y_2-y_1，z_2-z_1 叫向量$\overrightarrow{M_1M_2}$的坐标，记为 $(x_2-x_1, y_2-y_1, z_2-z_1)$，即

$$\overrightarrow{M_1M_2}=(x_2-x_1, y_2-y_1, z_2-z_1) \tag{8-4}$$

式 (8-4) 称为向量$\overrightarrow{M_1M_2}$的坐标表示式.

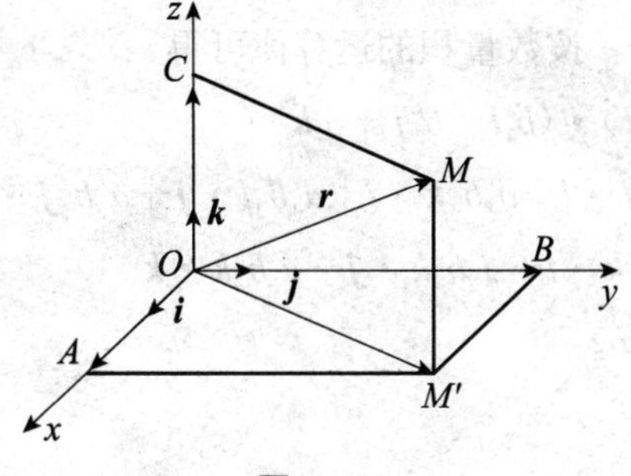

图 8-11

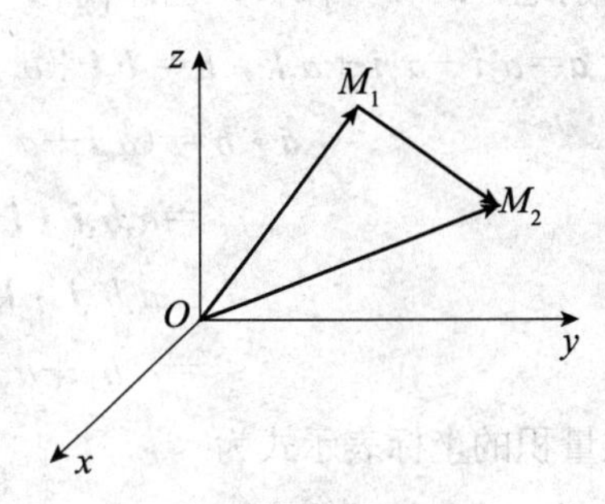

图 8-12

例 3 已知 $\boldsymbol{a}=3\boldsymbol{i}-3\boldsymbol{j}-4\boldsymbol{k}$，$\boldsymbol{b}=\boldsymbol{i}-4\boldsymbol{j}+\boldsymbol{k}$，求 $\boldsymbol{a}+\boldsymbol{b}$，$\boldsymbol{a}-\boldsymbol{b}$，$-3\boldsymbol{a}$，$2\boldsymbol{a}-3\boldsymbol{b}$.

证明

$$\boldsymbol{a}+\boldsymbol{b}=(3\boldsymbol{i}-3\boldsymbol{j}-4\boldsymbol{k})+(\boldsymbol{i}-4\boldsymbol{j}+\boldsymbol{k})=4\boldsymbol{i}-7\boldsymbol{j}-3\boldsymbol{k}$$

$$\boldsymbol{a}-\boldsymbol{b}=(3\boldsymbol{i}-3\boldsymbol{j}-4\boldsymbol{k})-(\boldsymbol{i}-4\boldsymbol{j}+\boldsymbol{k})=2\boldsymbol{i}+\boldsymbol{j}-5\boldsymbol{k}$$

$$-3\boldsymbol{a}=-3(3\boldsymbol{i}-3\boldsymbol{j}-4\boldsymbol{k})=-9\boldsymbol{i}+9\boldsymbol{j}+12\boldsymbol{k}$$

$$2\boldsymbol{a}-3\boldsymbol{b}=2(3\boldsymbol{i}-3\boldsymbol{j}-4\boldsymbol{k})-3(\boldsymbol{i}-4\boldsymbol{j}+\boldsymbol{k})=3\boldsymbol{i}+6\boldsymbol{j}-11\boldsymbol{k}$$

2. 向量模的坐标表示

对于向量 $\boldsymbol{a}=a_x\boldsymbol{i}+a_y\boldsymbol{j}+a_z\boldsymbol{k}=(a_x, a_y, a_z)$，可看成是以点 $M(a_x, a_y, a_z)$ 为终点的向径 $\overrightarrow{OM}$. 容易推出：

$$|\boldsymbol{a}|=|\overrightarrow{OM}|=\sqrt{a_x{}^2+a_y{}^2+a_z{}^2}$$

例 4 设 $\boldsymbol{a}=(a_x, a_y, a_z)$，$\boldsymbol{b}=(b_x, b_y, b_z)$ 为两个非零向量，证明 $\boldsymbol{a}$，$\boldsymbol{b}$ 平行的充要条件是它们的对应坐标成比例.

解 由数乘向量的定义可知，$\boldsymbol{a}$，$\boldsymbol{b}$ 平行的充要条件是：存在实数 λ，使 $\boldsymbol{a}=\lambda\boldsymbol{b}$，即

$$(a_x,a_y,a_z)=\lambda(b_x,b_y,b_z)$$

所以
$$a_x=\lambda b_x,\ a_y=\lambda b_y,\ a_z=\lambda b_z$$

从而
$$\frac{a_x}{b_x}=\frac{a_y}{b_y}=\frac{a_z}{b_z}(=\lambda)$$

需要说明的是，向量 $\boldsymbol{b}$ 可能有一个或两个坐标为 0 的情况. 例如，当 $b_y=0$ 时，把式子 $\frac{a_x}{b_x}=\frac{a_y}{0}=\frac{a_z}{b_z}$ 理解为 $\frac{a_x}{b_x}=\frac{a_z}{b_z}$，$a_y=0$. 又如当 $b_x=b_y=0$ 时，把式子 $\frac{a_x}{0}=\frac{a_y}{0}=\frac{a_z}{b_z}$ 理解为 $a_x=a_y=0$.

3. 向量的数量积及坐标表示

定义 8.1 向量 $\boldsymbol{a}$ 和 $\boldsymbol{b}$ 的模与它们之间夹角的余弦的乘积称为向量 $\boldsymbol{a}$ 与 $\boldsymbol{b}$ 的**数量积**（也称**点积**或**内积**），记作 $\boldsymbol{a}\cdot\boldsymbol{b}$，即 $\boldsymbol{a}\cdot\boldsymbol{b}=|\boldsymbol{a}||\boldsymbol{b}|\cos(\widehat{\boldsymbol{a},\boldsymbol{b}})$. 规定 $0\leqslant(\widehat{\boldsymbol{a},\boldsymbol{b}})\leqslant\pi$.

所以有 $\cos(\widehat{\boldsymbol{a},\boldsymbol{b}})=\dfrac{\boldsymbol{a}\cdot\boldsymbol{b}}{|\boldsymbol{a}||\boldsymbol{b}|}$.

当向量用坐标表示时有 $\boldsymbol{i}\cdot\boldsymbol{i}=\boldsymbol{j}\cdot\boldsymbol{j}=\boldsymbol{k}\cdot\boldsymbol{k}=1$，$\boldsymbol{i}\cdot\boldsymbol{j}=\boldsymbol{j}\cdot\boldsymbol{k}=\boldsymbol{k}\cdot\boldsymbol{i}=0$.

特别地，$\boldsymbol{a}\cdot\boldsymbol{a}=|\boldsymbol{a}|^2$，也即 $|\boldsymbol{a}|=\sqrt{\boldsymbol{a}\cdot\boldsymbol{a}}$，这就又提供了一种求 $|\boldsymbol{a}|$ 的方法.

设 $\boldsymbol{a}=a_x\boldsymbol{i}+a_y\boldsymbol{j}+a_z\boldsymbol{k}$，$\boldsymbol{b}=b_x\boldsymbol{i}+b_y\boldsymbol{j}+b_z\boldsymbol{k}$，按数量积的运算律可得

$$\begin{aligned}\boldsymbol{a}\cdot\boldsymbol{b}&=(a_x\boldsymbol{i}+a_y\boldsymbol{j}+a_z\boldsymbol{k})\cdot(b_x\boldsymbol{i}+b_y\boldsymbol{j}+b_z\boldsymbol{k})\\&=a_xb_x\boldsymbol{i}\cdot\boldsymbol{i}+a_yb_x\boldsymbol{j}\cdot\boldsymbol{i}+a_zb_x\boldsymbol{k}\cdot\boldsymbol{i}+a_xb_y\boldsymbol{i}\cdot\boldsymbol{j}+a_yb_y\boldsymbol{j}\cdot\boldsymbol{j}+\\&\quad a_zb_y\boldsymbol{j}\cdot\boldsymbol{k}+a_xb_z\boldsymbol{k}\cdot\boldsymbol{i}+a_yb_z\boldsymbol{k}\cdot\boldsymbol{j}+a_zb_z\boldsymbol{k}\cdot\boldsymbol{k}\\&=a_xb_x+a_yb_y+a_zb_z\end{aligned}$$

数量积的坐标表示式为

$$\boldsymbol{a}\cdot\boldsymbol{b}=a_xb_x+a_yb_y+a_zb_z$$

注意：两向量的数量积是一个数量．当两个向量夹角为直角时，数量积为0，这时称作两向量垂直．经常用数量积是否为0来判断两向量是否垂直．

数量积满足下列运算律：

$$\boldsymbol{a}\cdot\boldsymbol{b}=\boldsymbol{b}\cdot\boldsymbol{a}$$

$$(\boldsymbol{a}+\boldsymbol{b})\cdot\boldsymbol{c}=\boldsymbol{a}\cdot\boldsymbol{c}+\boldsymbol{b}\cdot\boldsymbol{c}$$

$$(\lambda\boldsymbol{a})\cdot(\mu\boldsymbol{b})\cdot c=(\lambda\mu)\boldsymbol{abc}(\lambda,\mu\text{为实数})$$

习题 8.2

1. 已知 $|\overrightarrow{AB}|=11$，点 $A(4,-7,1)$，$B(6,2,z)$，求 z 的值.

2. 已知向量 $\boldsymbol{a}=(2,3,0)$，$\boldsymbol{b}=(6,-1,0)$，$\boldsymbol{c}=(1,0,2)$，试求向量 $\overrightarrow{OM}=(-1,7,2)$ 关于 $\boldsymbol{a}$，$\boldsymbol{b}$，$\boldsymbol{c}$ 的分解式.

3. 求 $\boldsymbol{a}=2\boldsymbol{i}+\boldsymbol{j}-\boldsymbol{k}$，$\boldsymbol{b}=\boldsymbol{i}+\boldsymbol{j}+2\boldsymbol{k}$ 的和向量的单位向量.

4. 已知 $|\boldsymbol{a}|=8$，$|\boldsymbol{b}|=5$，$\angle(\boldsymbol{a},\boldsymbol{b})=\frac{\pi}{3}$，求 $\boldsymbol{a}\cdot\boldsymbol{b}$.

8.3 空间平面及其方程

8.3.1 空间平面的点法式方程

由立体几何知，过一定点且与一定直线垂直的平面有且只有一个．而定直线可用与之平行的向量来代替，因此，过一定点且与一定向量垂直的平面是确定的．与一平面垂直的非零向量叫作该平面的法向量.

已知平面 π 过点 $M_0(x_0,y_0,z_0)$，它的一个法向量为 $\boldsymbol{n}=(A,B,C)$，求平面 π 的方程，如图 8-13 所示.

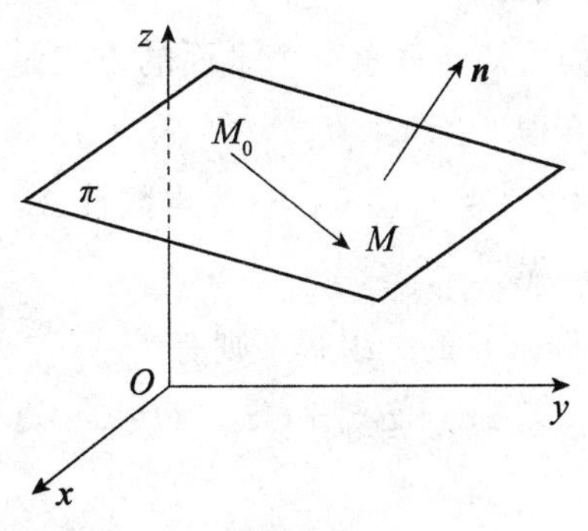

图 8-13

设点 $M(x,y,z)$ 是平面 π 上任意一点，则 $\overrightarrow{M_0M}$ 在平面 π 上，所以

$$\boldsymbol{n}\perp\overrightarrow{M_0M},\ \boldsymbol{n}\cdot\overrightarrow{M_0M}=0$$

而 $$\overrightarrow{M_0M}=(x-x_0, y-y_0, z-z_0)$$

因此 $$A(x-x_0)+B(y-y_0)+C(z-z_0)=0 \qquad (8-5)$$

平面 π 上任意一点的坐标满足方程（8－5），反之，不在平面 π 上的点的坐标不满足方程（8－5）. 因此方程（8－5）就是平面 π 的方程，称为**平面的点法式方程**.

例 1 求过点（2，－3，0）且以 $\boldsymbol{n}=(1, -2, 3)$ 为法向量的空间平面的方程.

解 根据空间平面的点法式方程得所求空间平面的方程为

$$(x-2)-2(y+3)+3z=0$$

即 $$x-2y+3z-8=0$$

例 2 求过三点 $M_1(2, -1, 4)$，$M_2(-1, 3, -2)$，$M_3(0, 2, 3)$ 的平面的方程.

解 我们可以用 $\overrightarrow{M_1M_2}\times\overrightarrow{M_1M_3}$ 作为平面的法线向量 $\boldsymbol{n}$.

因为 $\overrightarrow{M_1M_2}=(-3, 4, -6)$，$\overrightarrow{M_1M_3}=(-2, 3, -1)$，所以

$$\boldsymbol{n}=\overrightarrow{M_1M_2}\times\overrightarrow{M_1M_3}=\begin{vmatrix} \boldsymbol{i} & \boldsymbol{j} & \boldsymbol{k} \\ -3 & 4 & -6 \\ -2 & 3 & -1 \end{vmatrix}=14\boldsymbol{i}+9\boldsymbol{j}-\boldsymbol{k}$$

根据平面的点法式方程，得所求平面的方程为 $14(x-2)+9(y+1)-(z-4)=0$

即 $$14x+9y-z-15=0$$

一般地，若平面通过不在同一直线上的三点 $M_1(x_1, y_1, z_1)$，$M_2(x_2, y_2, z_2)$，$M_3(x_3, y_3, z_3)$，则平面方程为

$$\begin{vmatrix} x-x_1 & y-y_1 & z-z_1 \\ x_2-x_1 & y_2-y_1 & z_2-z_1 \\ x_3-x_1 & y_3-y_1 & z_3-z_1 \end{vmatrix}=0$$

它也称为**平面的三点式方程**.

8.3.2 空间平面的一般方程

由空间平面的点法式方程可知，任意一个平面的方程是 x，y，z 的三元一次方程；反过来，任何一个三元一次方程

$$Ax+By+Cz+D=0\ (A, B, C, D \text{ 为常数且 } A, B, C \text{ 不全为零}) \qquad (8-6)$$

是否都是某一空间平面的方程呢？

设 x_0，y_0，z_0 是方程（8－6）的一组解，则有

$$Ax_0+By_0+Cz_0+D=0$$

方程（8－6）可写成

$$Ax+By+Cz+D-(Ax_0+By_0+Cz_0+D)=0$$

即 $$A(x-x_0)+B(y-y_0)+C(z-z_0)=0$$

它表示过点 (x_0, y_0, z_0) 且以 (A, B, C) 为法向量的空间平面.

所以，在空间直角坐标系中，空间平面的方程是三元一次方程，任何一个三元一次方程表示空间的一个平面．方程（8-6）称为**空间平面的一般方程**，它表示的空间平面具有法向量$\boldsymbol{n}=(A, B, C)$.

如果方程$Ax+By+Cz+D=0$的四个常数A，B，C，D中有一部分为零（A，B，C不全为零），那么方程表示的是位置特殊的空间平面：

（1）当$D=0$时，方程$Ax+By+Cz=0$表示过原点O的空间平面；

（2）当$C=0$时，方程$Ax+By+D=0$表示过xOy面上的直线$Ax+By+D=0$且平行于z轴的空间平面；

（3）当$C=D=0$时，方程$Ax+By=0$表示过z轴的空间平面；

（4）当$B=C=0$时，方程$Ax+D=0$，即$x=-\frac{D}{A}$，表示过x轴上的点$\left(-\frac{D}{A}, 0, 0\right)$且垂直于$x$轴的空间平面；

（5）当$B=C=D=0$时，方程$Ax=0$即$x=0$，表示yOz面.

8.3.3　空间两平面的夹角

如图 8-14 所示，把两平面的法向量的夹角$\left(\text{通常不超过}\frac{\pi}{2}\right)$叫作**两平面的夹角**.

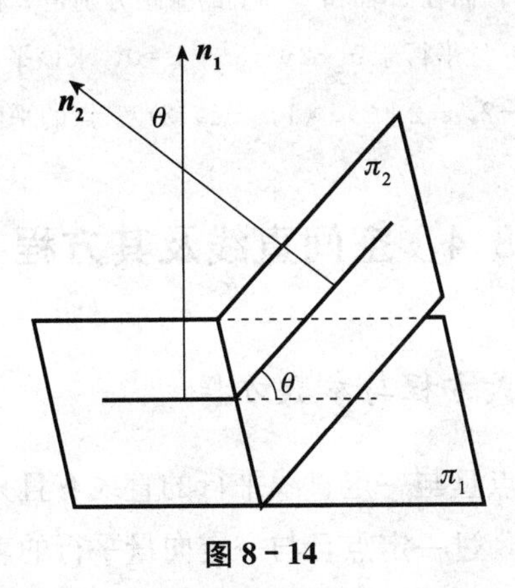

图 8-14

设两平面π_1，π_2的方程分别为

$$A_1x+B_1y+C_1z+D_1=0, \quad A_2x+B_2y+C_2z+D_2=0$$

则法向量分别为

$$\boldsymbol{n}_1=(A_1, B_1, C_1), \quad \boldsymbol{n}_2=(A_2, B_2, C_2)$$

于是平面π_1与平面π_2的夹角的余弦为

$$\cos\theta=\frac{|\boldsymbol{n}_1\cdot\boldsymbol{n}_2|}{|\boldsymbol{n}_1||\boldsymbol{n}_2|}=\frac{|A_1A_2+B_1B_2+C_1C_2|}{\sqrt{A_1^2+B_1^2+C_1^2}\sqrt{A_2^2+B_2^2+C_2^2}}$$

平面π_1与平面π_2平行的充要条件是

$$\frac{A_1}{A_2}=\frac{B_1}{B_2}=\frac{C_1}{C_2}$$

平面 π_1 与平面 π_2 垂直的充要条件是

$$A_1A_2+B_1B_2+C_1C_2=0$$

例 4 求平面 $4x+2y+4z-7=0$ 与平面 $3x-4y=0$ 的夹角.

解 $\boldsymbol{n}_1=(4, 2, 4)$，$\boldsymbol{n}_2=(3, -4, 0)$

则 $\cos\theta=\dfrac{|4\times3+2\times(-4)|}{\sqrt{4^2+2^2+4^2}\cdot\sqrt{3^2+(-4)^2}}=\dfrac{2}{15}$

故两平面相交，夹角为 $\theta=\arccos\dfrac{2}{15}$.

例 5 求过点（3，1，2）且平行于平面 $2x-8y+z-2=0$ 的平面方程.

解 所求平面的法向量可取 $\boldsymbol{n}=(2, -8, 1)$，所以所求平面的方程为

$$2(x-3)-8(y-1)+(z-2)=0$$

即 $2x-8y+z=0$.

习题 8.3

1. 一平面平分 A（1，2，3），B（2，−1，4）间的线段且和它垂直，求该平面的方程.
2. 一平面过点（2，1，−1），而在 x 轴和 y 轴上的截距分别是 2 和 1，求它的方程.
3. 一平面过点（−3，1，5）且平行于 $x-2y-3z+1=0$，求该平面的方程.
4. 试求通过（1，1，1），（−2，−2，2），（1，−1，2）三点的平面方程.

8.4 空间直线及其方程

8.4.1 空间直线的点向式方程与参数方程

由立体几何知，过一定点且与一定直线平行的直线有且只有一条．而定直线可用与之平行的向量来代替，因此，过一定点且与一定向量平行的直线是确定的．与一直线平行的非零向量叫作该直线的**方向向量**.

如图 8-15 所示，已知直线 L 过点 $M_0(x_0, y_0, z_0)$，它的一个方向向量为 $\boldsymbol{s}=(m, n, p)$，求直线 L 的方程.

设点 $M(x, y, z)$ 为直线 L 上任意一点，则 $\overrightarrow{M_0M}$ 在直线 L 上，所以

$$\overrightarrow{M_0M}\parallel\boldsymbol{s}$$

而
$$\overrightarrow{M_0M}=(x-x_0, y-y_0, z-z_0)$$

因此
$$\frac{x-x_0}{m}=\frac{y-y_0}{n}=\frac{z-z_0}{p} \tag{8-7}$$

直线 L 上任意一点的坐标满足方程（8－7）；反之，不在直线 L 上的点的坐标不满足方程（8－7）．因此方程（8－7）就是直线 L 的方程，称为直线的**点向式方程或对称式方程**.

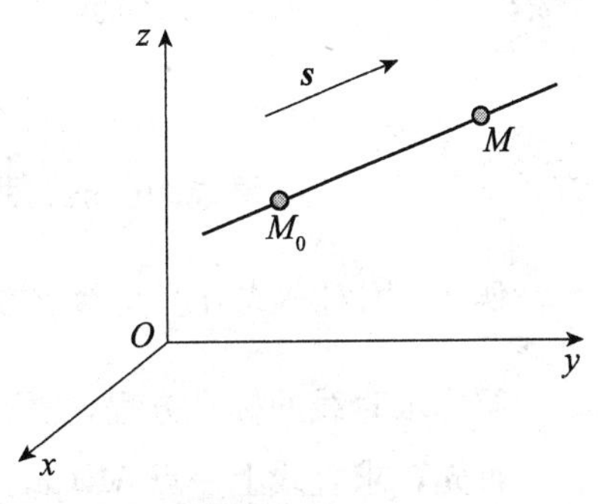

图 8－15

在直线的点向式方程中，引入参数 t，即令

$$\frac{x-x_0}{m}=\frac{y-y_0}{n}=\frac{z-z_0}{p}=t$$

得
$$\begin{cases}x=x_0+mt\\ y=y_0+nt\ (t\text{ 为参数})\\ z=z_0+pt\end{cases}\qquad(8-8)$$

方程（8－8）称为**直线的参数方程**.

例 1　求过点 $A(2,-2,3)$，方向向量 $\boldsymbol{s}=(2,-1,2)$ 的直线方程.

解　由直线的对称式方程，可以得到所求直线的方程为

$$\frac{x-1}{2}=\frac{y+2}{-1}=\frac{z-3}{2}$$

它的参数方程是

$$\begin{cases}x=1+2t\\ y=-2-t\ (t\text{ 为参数})\\ z=3+2t\end{cases}$$

例 2　一直线通过点 $M(1,0,-2)$，且垂直于平面 $2x-y+3z=0$，求此直线的对称式方程和参数方程.

解　所求直线与一平面垂直，则直线的方向向量 $\boldsymbol{s}$ 与平面的法向量 $\boldsymbol{n}$ 平行，故可取 $\boldsymbol{s}=\boldsymbol{n}=(2,-1,3)$，所以直线的对称式方程为

$$\frac{x-1}{2}=\frac{y-0}{-1}=\frac{z+2}{3}$$

直线的参数方程为

$$\begin{cases}x=1+2t\\ y=-t\qquad(t\text{ 为参数})\\ z=-2+3t\end{cases}$$

8.4.2　空间直线的一般方程

空间直线可看成两个平面的交线．设两平面 π_1，π_2 的方程分别为

$$A_1x+B_1y+C_1z+D_1=0,\ A_2x+B_2y+C_2z+D_2=0$$

则两个平面 π_1，π_2 的交线 L 的方程是

$$\begin{cases} A_1x+B_1y+C_1z+D_1=0 \\ A_2x+B_2y+C_2z+D_2=0 \end{cases} \tag{8-9}$$

方程（8－9）称为**直线的一般方程**.

例 3 用对称式方程及参数方程表示直线$\begin{cases} x+y+z+1=0 \\ 2x-y+3z+4=0 \end{cases}$.

解 求直线的标准方程，需要求出直线上的一个点和直线的方向向量.

首先，求直线上一点 $M_0(x_0, y_0, z_0)$. 任意选定 x_0，y_0，z_0 中的一个为已知，例如可以取 $x_0=1$，代入直线方程得$\begin{cases} y_0+z_0=-2 \\ y_0-3z_0=6 \end{cases}$，解得 $y_0=0$，$z_0=-2$，于是求出直线上一点 $M_0(1, 0, -2)$.

其次，求出直线的方向向量 $\boldsymbol{s}$. 因为所求向量是两个平面

$$\pi_1: x+y+z+1=0, \quad \pi_2: 2x-y+3z+4=0$$

的交线，所以直线同时垂直于 π_1，π_2 的法向量，取

$$\boldsymbol{s}=\boldsymbol{n}_1\times\boldsymbol{n}_2=\begin{vmatrix} \boldsymbol{i} & \boldsymbol{j} & \boldsymbol{k} \\ 1 & 1 & 1 \\ 2 & -1 & 3 \end{vmatrix}=(4, -1, -3)$$

所以直线的对称式方程为 $\dfrac{x-1}{4}=\dfrac{y-0}{-1}=\dfrac{z+2}{-3}$

直线的参数方程为

$$\begin{cases} x=1+4t \\ y=-t \\ z=-2-3t \end{cases} \quad (t\text{ 为参数})$$

8.4.3 空间两直线的夹角

两条直线的方向向量的夹角（通常指锐角）就是两直线的夹角.

设两直线 L_1、L_2 的方程分别为

$$\frac{x-x_1}{m_1}=\frac{y-y_1}{n_1}=\frac{z-z_1}{p_1}, \quad \frac{x-x_2}{m_2}=\frac{y-y_2}{n_2}=\frac{z-z_2}{p_2}$$

则方向向量分别为

$$\boldsymbol{s}_1=(m_1, n_1, p_1), \quad \boldsymbol{s}_2=(m_2, n_2, p_2)$$

于是 L_1 与 L_2 的夹角的余弦为

$$\cos\theta=\frac{|\boldsymbol{s}_1\cdot\boldsymbol{s}_2|}{|\boldsymbol{s}_1||\boldsymbol{s}_2|}=\frac{|m_1m_2+n_1n_2+p_1p_2|}{\sqrt{m_1^2+n_1^2+p_1^2}\sqrt{m_2^2+n_2^2+p_2^2}}$$

L_1 与 L_2 平行的充要条件是

$$\frac{m_1}{m_2}=\frac{n_1}{n_2}=\frac{p_1}{p_2}$$

L_1 与 L_2 垂直的充要条件是

$$m_1m_2+n_1n_2+p_1p_2=0$$

例 4　当 A，B 取何值时，平面 $Ax+By+6z+8=0$ 与直线 $\frac{x+1}{2}=\frac{y+3}{-4}=\frac{z+1}{3}$ 垂直.

解　平面的法向量 $\boldsymbol{n}=(A, B, 6)$，直线的方向向量 $\boldsymbol{s}=(2, -4, 3)$，若直线与平面垂直，必有 $\frac{A}{2}=\frac{B}{-4}=\frac{6}{3}$，解得 $A=4$，$B=-8$.

习题 8.4

1. 求过点（2，0，−1）且平行于直线 $\frac{x+1}{1}=y=\frac{z-2}{-5}$ 的直线方程.

2. 求过点（3，2，1）和点（4，3，3）的直线方程.

3. 将 $\begin{cases}x-y+z=1\\2x+y+z=4\end{cases}$ 化为对称式方程及参数方程.

4. 求满足下列条件的直线方程：

(1) 经过点（3，4，−4），方向角为 $\frac{\pi}{3}$，$\frac{\pi}{4}$，$\frac{2\pi}{3}$；

(2) 经过点（2，−3，4）且垂直于平面 $3x-y+2z=4$；

(3) 经过点（0，2，4）且与两平面 $x+2z=1$，$y-3z=2$ 平行.

5. 求直线 $\begin{cases}x+y+3z=0\\x-y-z=0\end{cases}$ 与平面 $x-y-z+1=0$ 间的夹角.

8.5　空间曲面与空间曲线方程

8.5.1　曲面方程的概念

正如平面曲线与二元方程一样，空间曲面与三元方程也有类似的关系，如图 8-16 所示．给出如下定义.

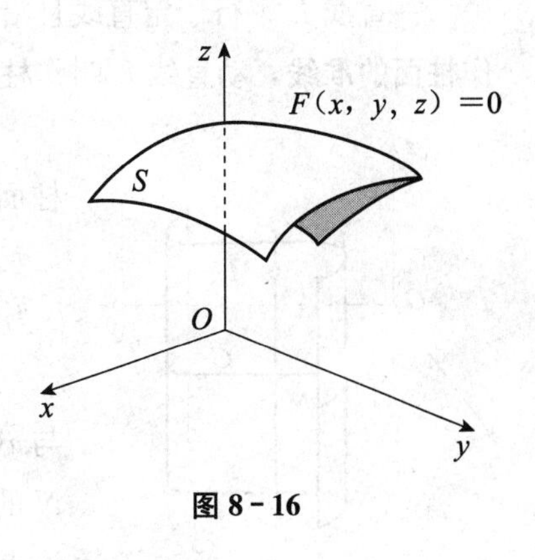

图 8-16

定义 8.2　如果曲面 S 和三元方程 $F(x, y, z)=0$ 满足：

(1) 曲面 S 上的任意一点的坐标都满足方程 $F(x, y, z)=0$；

（2）不在曲面 S 上的点的坐标都不满足方程 $F(x, y, z)=0$.

那么称方程 $F(x, y, z)=0$ 为曲面 S 的方程，曲面 S 称为方程 $F(x, y, z)=0$ 的图形.

8.5.2 球面方程

求以 $M_0(x_0, y_0, z_0)$ 为球心，R 为半径的球面方程.

设 $M(x, y, z)$ 是球面上任意一点，则有

$$|M_0M|=R$$

由两点间的距离公式得

$$(x-x_0)^2+(y-y_0)^2+(z-z_0)^2=R^2 \tag{8-10}$$

这就是以点 (x_0, y_0, z_0) 为球心，R 为半径的**球面方程**.

当 $x_0=y_0=z_0=0$ 时，得球心在原点的球面方程：

$$x^2+y^2+z^2=R^2$$

例 1 判断下面的方程是不是球面方程，若是，求出球心坐标和半径.

（1）$x^2+y^2+z^2-2x-4y+2z+7=0$；

（2）$x^2+y^2+z^2-2x+4y+4=0$.

分析 将球面方程配方后再判断.

解 （1）由原方程配方得 $(x-1)^2+(y-2)^2+(z+1)^2=-1$

这表明原方程无解，方程不表示任何曲面，当然也就不是球面方程.

（2）由原方程配方得 $(x-1)^2+(y+2)^2+z^2=1$

它是以 $(1, -2, 0)$ 为球心，1 为半径的球面方程.

8.5.3 柱面方程

一直线 L 平行于定直线且沿定曲线 C 移动，所形成的曲面叫作**柱面**. 定曲线 C 叫作**柱面的准线**，动直线 L 叫作**柱面的母线**.

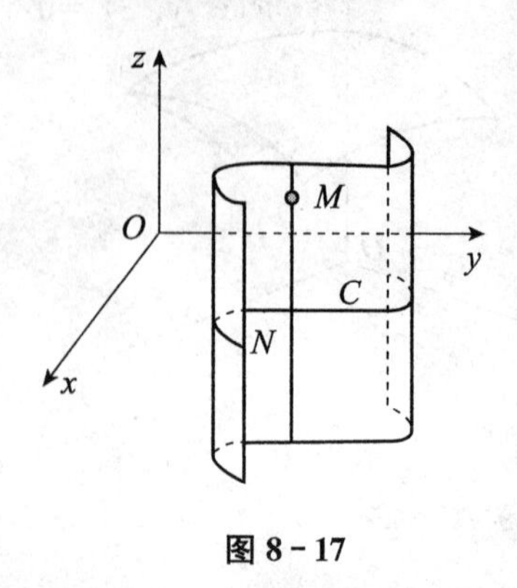

图 8-17

这里只讨论准线在坐标面内且母线平行于坐标轴的柱面.

如图 8-17 所示，求以 xOy 面上的曲线 C：$F(x, y)=0$ 为准线，母线平行于 z 轴的柱面的方程.

设 $M(x, y, z)$ 是柱面上的任意一点，过点 M 的母线与 xOy 面的交点 N 一定在准线 C 上（见图 8-17），从而点 N 的坐标为 $(x, y, 0)$，它满足方程 $F(x, y)=0$，即不论点 M 的竖坐标如何，它的横坐标 x 和纵坐标 y 满足方程

$F(x, y)=0$. 因此，所求的柱面方程为

$$F(x, y)=0$$

注意：在平面直角坐标系中，方程 $F(x, y)=0$ 表示一条平面曲线；在空间直角坐标系中，方程 $F(x, y)=0$ 表示一个以 xOy 面上的曲线 $F(x, y)=0$ 为准线，母线平行于 z 轴的柱面 .

类似地，方程 $G(y, z)=0$ 表示以 yOz 面上的曲线 $G(y, z)=0$ 为准线，母线平行于 x 轴的柱面；方程 $H(x, z)=0$ 表示以 zOx 面上的曲线 $H(x, z)=0$ 为准线，母线平行于 y 轴的柱面.

8.5.4　旋转曲面的方程

一平面曲线 C，绕其同一平面上的一条定直线 L 旋转一周所形成的曲面叫作旋转曲面 . 定直线 L 叫作旋转曲面的轴，动曲线 C 叫作旋转曲面的母线.

求 yOz 面上的一条曲线 C：$F(y, z)=0$ 绕 z 轴旋转一周所形成的旋转曲面的方程 .

设 $M(x, y, z)$ 是旋转曲面上任意一点，它可看成是曲线 C 上的点 $M_1(0, y_1, z_1)$ 绕 z 轴旋转而成，由图 8－18 可得：

$$\sqrt{x^2+y^2}=|y_1|,\text{即 } y_1=\pm\sqrt{x^2+y^2}$$

因为点 $M_1(0, y_1, z_1)$ 在曲线 C 上，故有 $F(y_1, z_1)=0$.

又 $z=z_1$，因此所求曲面的方程为

$$F(\pm\sqrt{x^2+y^2}, z)=0$$

可见，只要将母线方程中的 y 换成 $\pm\sqrt{x^2+y^2}$，z 不变就可得到旋转曲面的方程.

同理，曲线 C 绕 y 轴旋转一周所形成的旋转曲面的方程为

$$F(y, \pm\sqrt{x^2+z^2})=0$$

其他坐标面上的曲线绕坐标轴旋转，所得旋转曲面的方程可类似得出.

例 3　求由 yOz 面上的直线 $z=ky$（$k\neq 0$）绕 z 轴旋转一周所形成的旋转曲面的方程.

解　在 $z=ky$ 中，把 y 换成 $\pm\sqrt{x^2+y^2}$ 得所求旋转曲面的方程为

$$z=\pm k\sqrt{x^2+y^2}，\text{即 } z^2=k^2(x^2+y^2)$$

此曲面是以原点为顶点，z 轴为轴的圆锥面，如图 8－19 所示 .

8.5.5　空间曲线

1. 空间曲线的一般方程

空间直线可以看成是两个平面的交线，类似地，空间曲线可以看成是两个曲面的交

线．设两曲面 S_1，S_2 的方程分别为：

$$F(x,y,z)=0,G(x,y,z)=0$$

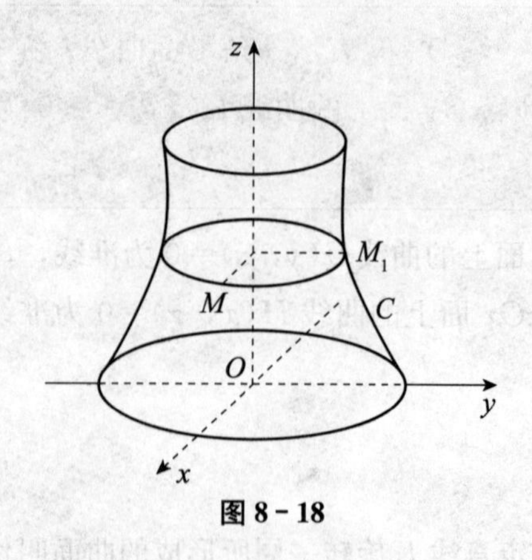

图 8－18

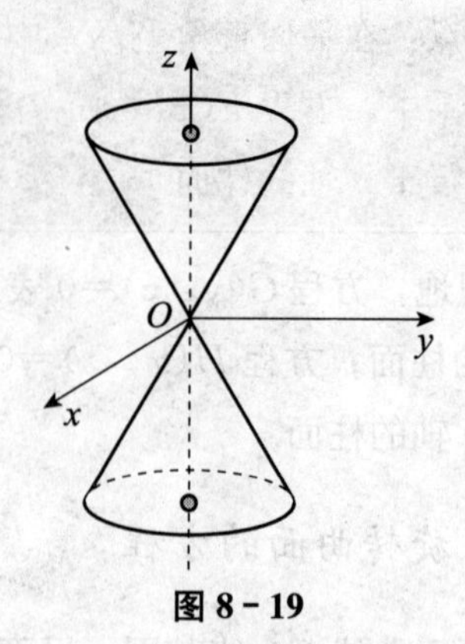

图 8－19

则两个曲面 S_1，S_2 的交线 Γ 的方程是

$$\begin{cases}F(x,y,z)=0\\G(x,y,z)=0\end{cases}\qquad(8-11)$$

方程（8－11）称为空间曲线的一般方程．

例如，$\begin{cases}\dfrac{x^2}{a^2}+\dfrac{y^2}{b^2}+\dfrac{z^2}{c^2}=1\\z=0\end{cases}$ 和 $\begin{cases}\dfrac{x^2}{a^2}+\dfrac{y^2}{b^2}=1\\z=0\end{cases}$ 都表示 xOy 面上中心在原点，以 a，b 为半轴的椭圆．前者是椭球面与 xOy 面的交线，后者是椭圆柱面与 xOy 面的交线．

2. 空间曲线的参数方程

空间直线 L 的参数方程为

$$\begin{cases}x=x_0+mt\\y=y_0+nt\quad(t\in\mathbf{R})\\z=z_0+pt\end{cases}$$

这里的 x，y，z 都是参数 t 的一次函数．如果 x，y，z 是参数 t 的一般函数，得方程

$$\begin{cases}x=\varphi(t)\\y=\Psi(t)\quad(t\in I)\\z=\omega(t)\end{cases}\qquad(8-12)$$

它表示一条空间曲线，称为空间曲线的参数方程．

例如，$\begin{cases}x=a\cos\theta\\y=a\sin\theta\\z=b\theta\end{cases}$（$\theta$ 为参数）表示一条螺旋线．

习题 8.5

1. 指出下列方程或方程组在空间解析几何中表示什么图形.

(1) $\begin{cases} x^2+y^2+z^2=R^2 \\ x+y+z=1 \end{cases}$；　　(2) $\begin{cases} x^2+y^2=9 \\ 2x+z=1 \end{cases}$；

(3) $x^2-y^2=4$；　　(4) $x^2-y^2-z^2=1$.

2. 将下列曲线的一般方程化为参数方程.

(1) $\begin{cases} x^2+y^2+z^2=9 \\ x=y \end{cases}$；　　(2) $\begin{cases} (x-1)^2+y^2+(z+1)^2=4 \\ z=0 \end{cases}$.

第 9 章　多元函数微分学

多元函数微分学可以看作是一元函数微分学的推广，本章将在一元函数微分学的基础上讨论多元函数微分法及其应用．它们有许多相似之处，但有的地方也有着重大差别．学习本章要注意同一元函数作比较，注意异同．本章以研究二元函数为主，从二元函数到二元以上的函数可以类推．

9.1　多元函数的基本概念

9.1.1　平面区域

1. 平面区域

一般来说，由 xOy 面上的一条或几条曲线所围成的一部分平面或整个平面，称为平面区域，简称区域．围成区域的曲线称为区域的边界，边界上的点称为边界点．包括边界的区域称为闭区域，不包括边界的区域称为开区域．

若一个开区域或闭区域的任意两点之间的距离不超过某一常数 $M(M>0)$，则这个区域是有界的；否则，就是无界的．例如：

$D=\{(x, y)|-\infty<x<+\infty, -\infty<y<+\infty\}$表示整个 xOy 面，是无界区域；

$D=\{(x, y)|1\leqslant x^2+y^2\leqslant 4\}$是有界闭区域，如图 9－1 所示；

$D=\{(x, y)|x^2+y^2<4\}$是有界开区域，如图 9－2 所示．

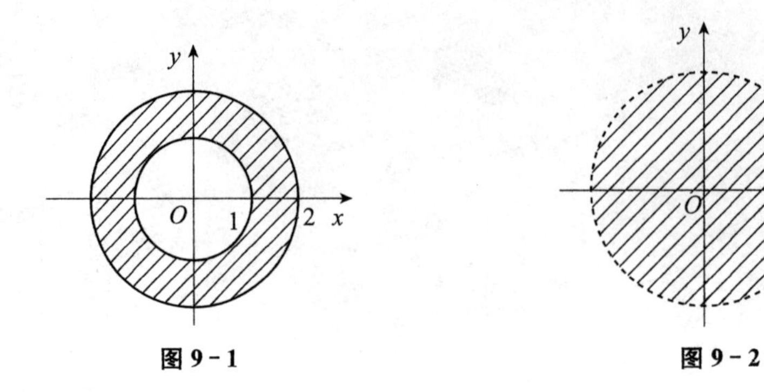

图 9－1　　　　图 9－2

2. δ 邻域

在 xOy 面上，以点 $P_0(x_0, y_0)$ 为中心，$\delta(\delta>0)$ 为半径的开区域，称为点 P_0 的

δ邻域，记作

$$\{(x,\ y)\mid \sqrt{(x-x_0)^2+(y-y_0)^2}<\delta\}$$

或简记为

$$\sqrt{(x-x_0)^2+(y-y_0)^2}<\delta$$

9.1.2　多元函数概念

定义 9.1　设有三个变量 x，y，z，如果当变量 x，y 在一定范围 D 内任意取一对值（x，y）时，按照某一确定的对应法则，变量 z 总有唯一确定的值与其对应，则称变量 z 是变量 x，y 的**二元函数**，记为

$$z=f(x,y),(x,y)\in D$$

其中 x，y 称为自变量，函数 z 称为因变量，自变量 x，y 的变化范围 D 称为函数的定义域.

上述定义中，与自变量 x，y 所取的一对值（x_0，y_0）相对应的因变量 z 的值，称为函数在点（x_0，y_0）处的函数值，记作 $f(x_0,\ y_0)$ 或 $z\Big|_{(x_0,y_0)}$；当（x，y）取遍 D 中的所有数对时，对应的函数值的全体构成的数集

$$Z=\{z\mid z=f(x,y),(x,y)\in D\}$$

称为**函数的值域**. 二元函数 $Z=f$（x，y）在几何上对应的图形是一个曲面.

类似地，可以定义三元函数及三元以上的函数．二元函数及二元以上的函数统称为多元函数.

函数的对应法则和定义域是多元函数的两个要素. 显然，可以用 xOy 面上的点 $P(x,\ y)$来表示二元函数的自变量取值. 因此，二元函数 $z=f(x,\ y)$ 的定义域是 xOy 面上的点集，一般情况下，这种点集是 xOy 面上的平面区域．而对于实际问题而言，多元函数的定义域往往由实际问题的具体情况确定.

例 1　已知函数 $f(x,\ y)=\arcsin(x+y)+\dfrac{1}{\sqrt{1-x^2-y^2}}$ 求 $f(0,\ 0)$，$f\left(0,\ \dfrac{\pi}{4}\right)$，$f\left(\dfrac{5}{6},\ -\dfrac{1}{3}\right)$.

解　$f(0,0)=\arcsin(0+0)+\dfrac{1}{\sqrt{1-0^2-0^2}}=1$

$$f\left(0,\frac{\pi}{4}\right)=\arcsin\left(0+\frac{\pi}{4}\right)+\frac{1}{\sqrt{1-0^2-\left(\frac{\pi}{4}\right)^2}}=\arcsin\frac{\pi}{4}+\frac{4\sqrt{16-\pi^2}}{16-\pi^2}$$

$$f\left(\frac{5}{6},-\frac{1}{3}\right)=\arcsin\frac{1}{2}+\frac{1}{\sqrt{1-\frac{25}{36}-\frac{1}{9}}}=\frac{\pi}{6}+\frac{6}{\sqrt{7}}$$

例 2 已知函数 $z=f(x,y)=x^2+y^2-xy\tan\dfrac{x}{y}$，求 $f(tx,\ ty)$ 和 $f\left(xy,\ \dfrac{x}{y}\right)$.

解
$$f(tx,\ ty)=(tx)^2+(ty)^2-(tx)\cdot(ty)\cdot\left(\tan\frac{tx}{ty}\right)$$
$$=t^2\left(x^2+y^2-xy\tan\frac{x}{y}\right)$$
$$f\left(xy,\ \frac{x}{y}\right)=(xy)^2+\left(\frac{x}{y}\right)^2-(xy)\cdot\left(\frac{x}{y}\right)\cdot\tan\frac{xy}{\frac{x}{y}}$$
$$=(xy)^2+\left(\frac{x}{y}\right)^2-x^2\tan y^2$$

例 3 求下列函数的定义域.

(1) $z=\ln(x+y)$；

(2) $z=\arcsin\dfrac{x^2+y^2}{9}-\sqrt{x^2+y^2-4}$.

解 (1) 定义域 $D=\{(x,\ y)\,|\,x+y>0\}$，即在直线 $x+y=0$ 上方的半个平面（如图 9-3 所示）.

(2) 要使函数有意义，必须满足
$$\begin{cases}\left|\dfrac{x^2+y^2}{9}\right|\leqslant 1\\ x^2+y^2-4\geqslant 0\end{cases}$$
定义域为 $D=\{(x,\ y)\,|\,4\leqslant x^2+y^2\leqslant 9\}$，是一个圆环（如图 9-4 所示）.

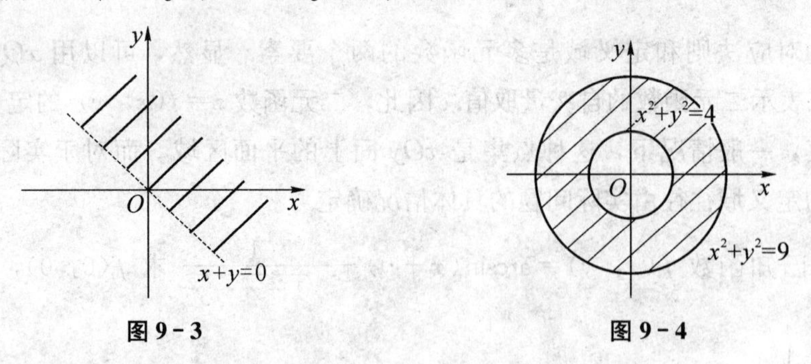

图 9-3　　图 9-4

9.1.3 二元函数的极限与连续性

1. 二元函数的极限

定义 9.2 设函数 $z=f(x,\ y)$ 在点 $P_0(x_0,\ y_0)$ 的某一邻域内有定义（在点 P_0 可以没有定义），若点 $P(x,\ y)$ 以任意方式趋向于点 $P_0(x_0,\ y_0)$ 时，函数 $f(x,\ y)$ 总趋于常数 A，则称函数 $f(x,\ y)$ 当点 $(x,\ y)$ 趋向于点 $(x_0,\ y_0)$ 时以 A 为极限，记作

$$\lim_{\substack{x\to x_0\\y\to y_0}} f(x,y)=A \quad 或 \quad \lim_{(x,y)\to(x_0,y_0)} f(x,y)=A$$

为了区别于一元函数的极限，把二元函数的极限称为二重极限.

例 4 求$\lim\limits_{\substack{x\to1\\y\to2}}(x^2+xy+y^3)$.

解 因$\lim\limits_{\substack{x\to1\\y\to2}} x^2=1$，$\lim\limits_{\substack{x\to1\\y\to2}} xy=2$，$\lim\limits_{\substack{x\to1\\y\to2}} y^3=8$. 因此

$$\lim_{\substack{x\to1\\y\to2}}(x^2+xy+y^3)=\lim_{\substack{x\to1\\y\to2}} x^2+\lim_{\substack{x\to1\\y\to2}} xy+\lim_{\substack{x\to1\\y\to2}} y^3=1+2+8=11$$

例 5 求$\lim\limits_{\substack{x\to0\\y\to0}}\dfrac{xy}{\sqrt{xy+1}-1}$.

解
$$\lim_{\substack{x\to0\\y\to0}}\frac{xy}{\sqrt{xy+1}-1}=\lim_{\substack{x\to0\\y\to0}}\frac{xy\ (\sqrt{xy+1}+1)}{(\sqrt{xy+1}-1)\ (\sqrt{xy+1}+1)}$$
$$=\lim_{\substack{x\to0\\y\to0}}(\sqrt{xy+1}+1)=2$$

例 6 求$\lim\limits_{\substack{x\to0\\y\to0}}\dfrac{\sin(x^2+y^2)}{x^2+y^2}$.

解 作代换 $x^2+y^2=t$，得

$$\lim_{\substack{x\to0\\y\to0}}\frac{\sin(x^2+y^2)}{x^2+y^2}=\lim_{t\to0}\frac{\sin t}{t}=1$$

> 注意：由于二重极限自变量个数的增多，点 (x, y) 趋向于定点 (x_0, y_0) 的方式也就很复杂，定义中要求为任意方式．因此，若点 (x, y) 以某一种或几种方式趋向于定点 (x_0, y_0) 时，$f(x, y)$ 趋向于同一数，此时不能断定函数的极限存在.

例 7 证明函数 $f(x,y)=\begin{cases}\dfrac{xy}{x^2+y^2}, & x^2+y^2\neq0\\ 0, & x^2+y^2=0\end{cases}$ 在点 (0, 0) 处的极限不存在.

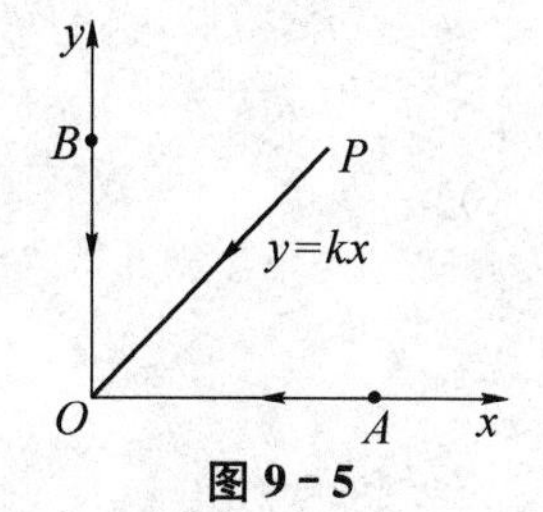

图 9－5

证明 如图 9－5 所示，在线段 AO 上，$y=0$，因此当点沿线段 AO 趋于 (0, 0) 时，有

$$\lim_{\substack{x\to0\\y\to0}}\frac{xy}{x^2+y^2}=\lim_{x\to0}\frac{x\cdot0}{x^2+0^2}=0$$

在线段 BO 上，$x=0$，因此当点沿 BO 趋于 (0, 0) 时，有

$$\lim_{\substack{x\to0\\y\to0}}\frac{xy}{x^2+y^2}=\lim_{y\to0}\frac{0\cdot y}{0^2+y^2}=0$$

当点沿直线 $y=kx$ 趋于 (0, 0) 时，有

$$\lim_{\substack{x\to 0\\y\to 0}}\frac{xy}{x^2+y^2}=\lim_{\substack{x\to 0\\y=kx}}\frac{x\cdot kx}{x^2+k^2x^2}=\frac{k}{1+k^2}$$

极限值随 k 的变化而变化，因此$\lim\limits_{\substack{x\to 0\\y\to 0}}\frac{xy}{x^2+y^2}$不存在.

这里指出，一元函数中极限的运算法则对于二重极限同样适用.

2. 二元函数的连续性

与一元函数一样，可以用函数极限说明二元函数连续性的概念.

定义 9.3 设函数 $z=f(x, y)$ 在点 $P_0(x_0, y_0)$ 的某邻域内有定义，若

$$\lim_{\substack{x\to x_0\\y\to y_0}}f(x, y)=f(x_0, y_0)$$

则称函数 $f(x, y)$ 在点 $P_0(x_0, y_0)$ 处连续，称点 (x_0, y_0) 为函数的连续点.

若函数 $z=f(x, y)$ 在点 (x_0, y_0) 处不满足上述定义，则称点 (x_0, y_0) 为函数的不连续点或间断点.

如果函数 $f(x, y)$ 在区域 D 内的每一点都连续，则称 $f(x, y)$ 在区域 D 上连续，或称 $f(x, y)$ 为区域 D 上的连续函数.

二元连续函数具有与一元连续函数类似的性质：

(1) 有限个连续函数的代数和仍是连续函数；

(2) 有限个连续函数的乘积仍是连续函数；

(3) 两个连续函数之商（分母不等于零）仍是连续函数；

(4) 有限个连续函数的复合函数仍是连续函数.

由基本初等函数经过有限次四则运算和复合而构成的，且可由一个式子表示的多元函数称为多元初等函数. 例如

$$z=\sin\sqrt{x^2+y^2},\ f(x, y)=\frac{x^2+y^2-1}{\ln(1+x^2+y^2)}$$

等都是二元初等函数.

显然，一切多元初等函数在其定义区域内都是连续的.

例 8 求函数 $z=\ln(y^2-2x+1)$ 的连续区域，并求 $\lim\limits_{\substack{x\to 1\\y\to 2}}f(x, y)$.

解 此函数的连续区域与其定义域 D 一致，为

$$D=\{(x, y)\,|\,y^2>2x-1\}$$

因为 $(1, 2)\in D$，所以有

$$\lim_{\substack{x\to 1\\y\to 2}}f(x, y)=\lim_{\substack{x\to 1\\y\to 2}}\ln(y^2-2x+1)=f(1, 2)=\ln 3$$

有界闭区域上的二元连续函数具有如下性质.

性质 9.1（最大值和最小值定理） 若二元函数 $z=f(x, y)$ 在有界闭区域 D 上连续，则 $z=f(x, y)$ 在闭区域 D 上一定有最小值和最大值.

性质 9.2（介值定理） 设二元函数 $z=f(x, y)$ 在有界闭区域 D 上连续，$M_1(x_1, y_1)$ 和 $M_2(x_2, y_2)$ 为 D 上任意两点，则对介于 $f(x_1, y_1)$ 和 $f(x_2, y_2)$ 之间的任何一值 k，在 D 内至少存在一点 $\xi(x_0, y_0)$，使得 $f(x_0, y_0)=k$.

习题 9.1

1. 求下列函数的定义域.

(1) $z=\ln(y^3+2x+1)$；

(2) $z=\dfrac{1}{\sqrt{x+y}}+\dfrac{1}{\sqrt{x-y}}$；

(3) $z=\dfrac{\sqrt{4x-y^2}}{\ln(1-x^2-y^2)}$；

(4) $z=\sqrt{x-\sqrt{y}}$；

(5) $u=\arccos\dfrac{z}{\sqrt{x^2+y^2}}$；

(6) $u=\sqrt{R^2-x^2-y^2-z^2}+\dfrac{1}{\sqrt{x^2+y^2+z^2-r^2}}\quad(R>r>0)$.

2. 已知函数 $f(u, v, \omega)=u^{\omega}+\omega^{u+v}$，求 $f(x+y, x-y, xy)$.

3. 求下列函数的极限.

(1) $\lim\limits_{\substack{x\to0\\y\to0}}\dfrac{e^{xy}\cos y}{1+x+y}$；

(2) $\lim\limits_{\substack{x\to0\\y\to0}}\dfrac{\sin(xy)}{y}$；

(3) $\lim\limits_{\substack{x\to0\\y\to1}}\arcsin\sqrt{x^2+y^2}$；

(4) $\lim\limits_{\substack{x\to0\\y\to0}}\dfrac{2-\sqrt{xy+4}}{xy}$.

4. 证明 $\lim\limits_{\substack{x\to0\\y\to0}}\dfrac{x+y}{x-y}$ 不存在.

5. 判断下列函数在何处间断.

(1) $z=\ln\sqrt{x^2+y^2}$；

(2) $z=\dfrac{x^2+y^2}{x^2-y^2}$；

(3) $u=\dfrac{x+y+z}{xy-z}$.

9.2 偏 导 数

9.2.1 偏导数的概念

在一元函数中，由函数的变化率引入了一元函数的导数概念，对于多元函数也有类似的问题．在研究二元函数时，有时要讨论当其中一个自变量固定不变时，函数关于另外一个自变量的变化率问题，此时的二元函数实际上转化为了一元函数，因此可以利用一元函数的导数概念得到二元函数对某一个自变量的变化率，这正是二元函数的偏导数问题.

设二元函数 $z=f(x, y)$ 在点 (x_0, y_0) 的某邻域内有定义，当 x 在 x_0 处有改变量 Δx，而 $y=y_0$ 保持不变时，函数 $f(x, y)$ 相应的改变量

$$\Delta_x z=f(x_0+\Delta x, y_0)-f(x_0, y_0)$$

称为函数 $f(x, y)$ 关于 x 的偏改变量.

类似地，当 y 在 y_0 处有改变量 Δy，而 $x=x_0$ 保持不变时，函数 $f(x, y)$ 相应的改变量

$$\Delta_y z=f(x_0, y_0+\Delta y)-f(x_0, y_0)$$

称为函数 $f(x, y)$ 关于 y 的偏改变量.

定义 9.4 设二元函数 $z=f(x, y)$ 在点 (x_0, y_0) 的某邻域内有定义，当 $\Delta x\to 0$ 时，如果极限

$$\lim_{\Delta x\to 0}\frac{f(x_0+\Delta x, y_0)-f(x_0, y_0)}{\Delta x}$$

存在，则称此极限值为函数 $z=f(x, y)$ 在点 (x_0, y_0) 处对 x 的偏导数，记作

$$f'_x(x_0, y_0)\text{或}\left.\frac{\partial z}{\partial x}\right|_{\substack{x=x_0\\y=y_0}}\text{或}\left.\frac{\partial f}{\partial x}\right|_{\substack{x=x_0\\y=y_0}}\text{或}\left.z'_x\right|_{\substack{x=x_0\\y=y_0}}$$

同样，当 $\Delta y\to 0$ 时，如果极限

$$\lim_{\Delta y\to 0}\frac{f(x_0, y_0+\Delta y)-f(x_0, y_0)}{\Delta y}$$

存在，则称此极限值为函数 $z=f(x, y)$ 在点 (x_0, y_0) 处对 y 的偏导数，记作

$$f'_y(x_0, y_0)\text{ 或}\left.\frac{\partial z}{\partial y}\right|_{\substack{x=x_0\\y=y_0}}\text{或}\left.\frac{\partial f}{\partial y}\right|_{\substack{x=x_0\\y=y_0}}\text{或}\left.z'_y\right|_{\substack{x=x_0\\y=y_0}}$$

如果 $z=f(x, y)$ 在区域 D 内每一点 (x, y) 处都有偏导数 $f'_x(x, y)$ 和 $f'_y(x, y)$，一般来说，它们都是 x，y 的二元函数，则称它们为 $z=f(x, y)$ 的偏导函数，记作

$$f'_x(x,y)\text{或}\frac{\partial z}{\partial x}\text{或}\frac{\partial f}{\partial x}\text{或}z'_x$$

$$f'_y(x,y)\text{或}\frac{\partial z}{\partial y}\text{或}\frac{\partial f}{\partial y}\text{或}z'_y$$

今后在不致混淆的情况下，偏导函数通常简称为偏导数.

显然，函数 $f(x, y)$ 在点 (x_0, y_0) 处的偏导数就是偏导函数在点 (x_0, y_0) 处的函数值.

既然偏导数实质上可看作是一元函数的导数，因此，一元函数求导的方法对求偏导数完全适用，只要记住对一个自变量求偏导数时，把另一个自变量暂时看作是常量就可以了.

偏导数的概念可以推广到二元以上的函数．例如，三元函数 $u=f(x,y,z)$ 对 x 的偏导数为

$$f'_x(x,y,z)=\lim_{\Delta x\to 0}\frac{f(x+\Delta x,y,z)-f(x,y,z)}{\Delta x}$$

即把自变量 y、z 看作是常量保持固定不变，u 作为变量 x 的函数时的导数．类似可得 $f'_y(x,y,z)$ 和 $f'_z(x,y,z)$.

例 1　设 $f(x,y)=2x^2+y+3xy^2-x^3y^4$，计算 $\frac{\partial f}{\partial x}$，$\frac{\partial f}{\partial y}$.

解　为了计算 $\frac{\partial f}{\partial x}$，把 y 看作常数而对 x 求导，得

$$\frac{\partial f}{\partial x}=4x+3y^2-3x^2y^4$$

用同样方法，将 x 看作常数而对 y 求导数，得

$$\frac{\partial f}{\partial y}=1+6xy-4x^3y^3$$

例 2　设 $f(x,y)=xy+x^2+y^3$，计算 $\frac{\partial f}{\partial x}$，$\frac{\partial f}{\partial y}$，并求 $f_x(0,1)$，$f_x(1,0)$，$f_y(0,2)$，$f_y(2,0)$.

解　为了计算 $\frac{\partial f}{\partial x}$，把 y 看作常数而对 x 求导，得 $\frac{\partial f}{\partial x}=y+2x$

于是　　$f_x(0,1)=1$，$f_x(1,0)=2$

为了计算 $\frac{\partial f}{\partial y}$，将 x 看作常数而对 y 求导，得 $\frac{\partial f}{\partial y}=x+3y^2$

于是　　$f_y(0,2)=12$，$f_y(2,0)=2$

例 3　设 $u=\ln(x+y^2+z^3)$，求 u_x，u_y，u_z.

解　同二元函数的情形一样，三元函数的偏导数也是当只有一个自变量变化，而其余自变量看作是常数时函数的变化率，因此有

$$u_x=\frac{1}{x+y^2+z^3},\quad u_y=\frac{2y}{x+y^2+z^3},\quad u_z=\frac{3z^2}{x+y^2+z^3}$$

例 4　判断函数 $f(x,y)=\begin{cases}\frac{xy}{x^2+y^2} & x^2+y^2\neq 0\\ 0 & x^2+y^2=0\end{cases}$ 在点 $(0,0)$ 处的偏导数是否存

在，是否连续？

解 由定义有

$$f_x(0,\ 0)=\lim_{\Delta x\to 0}\frac{f(\Delta x,\ 0)-f(0,\ 0)}{\Delta x}=0$$

$$f_y(0,\ 0)=\lim_{\Delta y\to 0}\frac{f(0,\ \Delta y)-f(0,\ 0)}{\Delta y}=0$$

因此，$f(x,\ y)$ 在点（0，0）处的两个偏导数都存在．但在 9.1 节中，我们已经知道 $f(x,\ y)$ 在点（0，0）处并不连续.

9.2.2 高阶偏导数

设函数 $z=f(x,\ y)$ 在区域 D 内存在偏导数$\frac{\partial z}{\partial x}=f'_x(x,\ y)$，$\frac{\partial z}{\partial y}=f'_y(x,\ y)$．如果这两个偏导数的偏导数也存在，则称这两个偏导数的偏导数为函数 $z=f(x,\ y)$的二阶偏导数．依据对变量求导的次序不同而有下列四个二阶偏导数，可分别记作：

(1) $\frac{\partial}{\partial x}\left(\frac{\partial z}{\partial x}\right)=\frac{\partial^2 z}{\partial x^2}=f''_{xx}(x,y)=z''_{xx}$；

(2) $\frac{\partial}{\partial y}\left(\frac{\partial z}{\partial x}\right)=\frac{\partial^2 z}{\partial x\partial y}=f''_{xy}(x,\ y)=z''_{xy}$；

(3) $\frac{\partial}{\partial x}\left(\frac{\partial z}{\partial y}\right)=\frac{\partial^2 z}{\partial y\partial x}=f''_{yx}(x,\ y)=z''_{yx}$；

(4) $\frac{\partial}{\partial y}\left(\frac{\partial z}{\partial y}\right)=\frac{\partial^2 z}{\partial y^2}=f''_{yy}(x,\ y)=z''_{yy}$.

其中 z''_{xy} 和 z''_{yx} 也称为混合偏导数.

类似地，可以定义更高阶的偏导数．如果函数 $z=f(x,\ y)$ 的二阶偏导数仍然存在偏导数，则称此偏导数为 $z=f(x,\ y)$ 的三阶偏导数．一般地，$z=f(x,\ y)$ 的 $n-1$ 阶偏导数的偏导数称为 $z=f(x,\ y)$ 的 n 阶偏导数．二阶和二阶以上的偏导数统称为高阶偏导数.

例 5 求 $z=x^y(x>0,\ x\neq 1)$ 的二阶偏导数.

解 一阶偏导数

$$\frac{\partial z}{\partial x}=yx^{y-1},\ \frac{\partial z}{\partial y}=x^y\ln x$$

二阶偏导数

$$\frac{\partial^2 z}{\partial x^2}=\frac{\partial}{\partial x}\left(\frac{\partial z}{\partial x}\right)=\frac{\partial}{\partial x}(yx^{y-1})=y(y-1)x^{y-2}$$

$$\frac{\partial^2 z}{\partial x\partial y}=\frac{\partial}{\partial y}\left(\frac{\partial z}{\partial x}\right)=\frac{\partial}{\partial y}(yx^{y-1})=x^{y-1}+yx^{y-1}\ln x$$

$$\frac{\partial^2 z}{\partial y^2}=\frac{\partial}{\partial y}\left(\frac{\partial z}{\partial y}\right)=\frac{\partial}{\partial y}(x^y\ln x)=x^y(\ln x)^2$$

$$\frac{\partial^2 z}{\partial y\partial x}=\frac{\partial}{\partial x}\left(\frac{\partial z}{\partial y}\right)=\frac{\partial}{\partial x}(x^y\ln x)=yx^{y-1}\ln x+x^{y-1}$$

例 6　求 $z=x^4y^2-xy^3+3$ 的二阶偏导数.

解　$\frac{\partial z}{\partial x}=4x^3y^2-y^3$，$\frac{\partial z}{\partial y}=2x^4y-3xy^2$

$\frac{\partial^2 z}{\partial x^2}=12x^2y^2$，$\frac{\partial^2 z}{\partial x\partial y}=8x^3y-3y^2$

$\frac{\partial^2 z}{\partial y\partial x}=8x^3y-3y^2$，$\frac{\partial^2 z}{\partial y^2}=2x^4-6xy$

从例5、例6我们看到，函数关于 x，y 的两个混合偏导数相等：$\frac{\partial^2 z}{\partial y\partial x}=\frac{\partial^2 z}{\partial x\partial y}$. 这并非偶然，关于这一点，有下述定理.

定理 9.1　如果函数 $z=f(x, y)$ 的两个混合偏导数 $\frac{\partial^2 z}{\partial x\partial y}$ 和 $\frac{\partial^2 z}{\partial y\partial x}$ 在区域 D 内连续，则在区域 D 内，必有

$$\frac{\partial^2 z}{\partial x\partial y}=\frac{\partial^2 z}{\partial y\partial x}$$

习题 9.2

1. 求下列函数的一阶偏导数.

(1) $z=x+y\cos x$；　　(2) $z=\frac{\cos x^2}{y}$；

(3) $z=\mathrm{e}^{-\frac{y}{x}}$；　　(4) $z=\arctan\frac{x}{y}$；

(5) $z=\ln\sin(x-2y)$；　　(6) $u=\frac{2x-t}{x+2t}$；

(7) $z=(\sin x)^{\cos y}$；　　(8) $u=z^{\frac{y}{x}}$.

2. 计算下列各题.

(1) 设 $f(x, y)=x+y-\sqrt{x^2+y^2}$，求 $f_x(3, 4)$.

(2) 设 $z=\ln\left(x+\frac{y}{2x}\right)$，求 $\left.\frac{\partial z}{\partial x}\right|_{\substack{x=1\\y=0}}$.

3. 求下列函数的二阶偏导数.

(1) $z=x^4-4x^2y^2+y^4$；　　(2) $z=\arctan\frac{y}{x}$；

（3）$z=\ln(xy)$；　　　　（4）$z=y^x$.

4. 已知 $r=\sqrt{x^2+y^2+z^2}$，$u=\frac{1}{r}$，证明：$\frac{\partial^2 u}{\partial x^2}+\frac{\partial^2 u}{\partial y^2}+\frac{\partial^2 u}{\partial z^2}=0$.

9.3 全　微　分

偏导数反映函数在坐标轴方向的变化率，它只考虑一个自变量发生变化时的情形．现在讨论二元函数在所有自变量都有微小变化时，函数改变量的变化情况.

设函数 $z=f(x, y)$ 的两个自变量都在变化，它们分别有改变量 Δx 和 Δy，则称函数的改变量

$$\Delta z=f(x+\Delta x, y+\Delta y)-f(x, y)$$

为函数 $f(x, y)$ 在 (x, y) 处的全改变量．全改变量是自变量改变量 Δx 与 Δy 的函数，它刻画了 $f(x, y)$ 在点 (x, y) 附近的情况，但全改变量 Δz 与 Δx、Δy 的函数关系往往比较复杂．因此，引进全微分的概念，在点 (x, y) 附近可以用它近似代替全改变量.

定义 9.5　如果函数 $z=f(x, y)$ 在点 (x, y) 处的全改变量

$$\Delta z=f(x+\Delta x, y+\Delta y)-f(x, y)$$

可表示为

$$\Delta z=A\Delta x+B\Delta y+o(\rho)$$

其中 A，B 仅与点 (x, y) 有关而与 Δx，Δy 无关，$o(\rho)$ 是比 $\rho\left(\rho=\sqrt{(\Delta x)^2+(\Delta y)^2}\right)$ 更高阶的无穷小量，则称函数 $z=f(x, y)$ 在点 (x, y) 处可微，并称 $A\Delta x+B\Delta y$ 为函数 $z=f(x, y)$ 在点 (x, y) 处的全微分，记作

$$\mathrm{d}z=A\Delta x+B\Delta y$$

下面给出 A，B 与函数 $z=f(x, y)$ 在点 (x, y) 处的偏导数的关系.

定理 9.2（可微的必要条件）　如果函数 $z=f(x, y)$ 在点 (x, y) 处可微，则函数在该点的偏导数 $\frac{\partial z}{\partial x}, \frac{\partial z}{\partial y}$ 必定存在，且函数 $z=f(x, y)$ 在点 (x, y) 处的全微分为

$$\mathrm{d}z=\frac{\partial z}{\partial x}\Delta x+\frac{\partial z}{\partial y}\Delta y$$

证明　设函数 $z=f(x, y)$ 在点 $P(x, y)$ 处可微．于是，对于点 P 的某个邻域内的任意一点 $M(x+\Delta x, y+\Delta y)$，有 $\Delta z=A\Delta x+B\Delta y+o(\rho)$．特别地，当 $\Delta y=0$ 时，有

$$f(x+\Delta x,\ y)-f(x,\ y)=A\Delta x+o(|\Delta x|)$$

两边同时除以 Δx，再令 $\Delta x\to 0$ 而取极限，得

$$\lim_{\Delta x\to 0}\frac{f(x+\Delta x,\ y)-f(x,\ y)}{\Delta x}=\lim_{\Delta x\to 0}\left[A+\frac{o(|\Delta x|)}{\Delta x}\right]=A$$

从而偏导数$\frac{\partial z}{\partial x}$存在且$\frac{\partial z}{\partial x}=A$.

同理可证偏导数$\frac{\partial z}{\partial y}$存在且$\frac{\partial z}{\partial y}=B$.

所以

$$dz=\frac{\partial z}{\partial x}\Delta x+\frac{\partial z}{\partial y}\Delta y$$

一般地，记 $\Delta x=dx$，$\Delta y=dy$，并分别称为自变量的微分，则函数 $z=f(x,\ y)$ 的全微分可写成

$$dz=\frac{\partial z}{\partial x}dx+\frac{\partial z}{\partial y}dy$$

该定理表明，偏导数$\frac{\partial z}{\partial x}$,$\frac{\partial z}{\partial y}$存在是可微的必要条件，但不是充分条件．下面给出可微的充分条件.

定理 9.3（可微的充分条件）　如果函数 $z=f(x,\ y)$ 在点 $(x,\ y)$ 的某邻域内偏导数存在且连续，则函数 $z=f(x,\ y)$ 在点 $(x,\ y)$ 处可微.

以上关于二元函数全微分的概念及全微分存在的条件也可类似地推广到二元以上的多元函数．例如，若函数 $u=f(x,\ y,\ z)$ 可微，则有

$$du=\frac{\partial u}{\partial x}dx+\frac{\partial u}{\partial y}dy+\frac{\partial u}{\partial z}dz$$

例 1　求函数 $z=x^3y+xy^4$ 的全微分.

解　因为$\frac{\partial z}{\partial x}=3x^2y+y^4$，$\frac{\partial z}{\partial y}=x^3+4xy^3$

所以　$dz=\frac{\partial z}{\partial x}dx+\frac{\partial z}{\partial y}dy=(3x^2y+y^4)dx+(x^3+4xy^3)dy$

例 2　求函数 $z=\sin(x^2+y^2)$的全微分.

解　因为$\frac{\partial z}{\partial x}=2x\cos(x^2+y^2)$，$\frac{\partial z}{\partial y}=2y\cos(x^2+y^2)$

所以　$dz=2x\cos(x^2+y^2)dx+2y\cos(x^2+y^2)dy$

例 3　求函数 $z=x^y$ 在点 $(1,\ 1)$ 处的全微分.

解
$$\frac{\partial z}{\partial x}=yx^{y-1},\ \frac{\partial z}{\partial y}=x^y\ln x$$

$$\left.\frac{\partial z}{\partial x}\right|_{(1,1)}=1,\ \left.\frac{\partial z}{\partial y}\right|_{(2,1)}=0$$

所求全微分

$$\left.dz\right|_{\substack{x=1\\y=1}}=dx$$

例 4 求函数 $u=x^2+\sin\frac{y}{2}+e^{yz}$ 的全微分.

解 $\frac{\partial u}{\partial x}=2x$，$\frac{\partial u}{\partial y}=\frac{1}{2}\cos\frac{y}{2}+ze^{yz}$，$\frac{\partial u}{\partial z}=ye^{yz}$

故

$$du=2xdx+\left(\frac{1}{2}\cos\frac{y}{2}+ze^{yz}\right)dy+ye^{yz}dz$$

例 5 求函数 $u=e^{x+y^2+z^3}$ 在点（1，1，1）处的全微分.

解 $\left.\frac{\partial u}{\partial x}\right|_{(1,1,1)}=e^{x+y^2+z^3}\big|_{(1,1,1)}=e^3$

$$\left.\frac{\partial u}{\partial y}\right|_{(1,1,1)}=2ye^{x+y^2+z^3}\big|_{(1,1,1)}=2e^3$$

$$\left.\frac{\partial u}{\partial z}\right|_{(1,1,1)}=3z^2e^{x+y^2+z^3}\big|_{(1,1,1)}=3e^3$$

所以

$$\left.du\right|_{\substack{x=1\\y=1\\z=1}}=e^3(dx+2dy+3dz)$$

习题 9.3

1. 求下列函数在指定点处的全微分.

（1）$z=x^4+y^4-4x^2y^2$，（1，1）；

（2）$z=x\sin(x+y)+e^{x-y}$，$\left(\frac{\pi}{4},\frac{\pi}{4}\right)$.

2. 求下列函数的全微分.

（1）$z=xy+\frac{x}{y}$；　　（2）$z=e^{xy}+\ln(x+y)$；

（3）$z=\ln(x^2+y^2)$；　　（4）$z=\arctan\frac{y}{x}$.

9.4　复合函数与隐函数的微分法

9.4.1　复合函数的微分法

在一元函数微分法中，复合函数的导数是一个重要内容，对于多元函数也是如此．下面讨论二元复合函数的微分法.

设函数 $z=f(u, v)$，而 $u=\varphi(x, y)$，$v=\psi(x, y)$，则

$$z=f[\varphi(x, y), \psi(x, y)]$$

为二元复合函数. 其中 x，y 为自变量，u，v 为中间变量.

从复合关系可以看到多元复合函数要比一元函数更复杂，如考虑$\dfrac{\partial z}{\partial x}$时，若 y 不变，则 x 变化会导致 u、v 都变，因此 z 的变化就有两部分：一部分是通过 u 而来，一部分是通过 v 而来.

定理 9.4　如果函数 $u=\varphi(x, y)$，$v=\psi(x, y)$ 在点 (x, y) 处的偏导数存在，而函数 $z=f(u, v)$ 在对应的点 (u, v) 处可微，则复合函数 $z=f[\varphi(x, y), \psi(x, y)]$ 在点 (x, y) 处的偏导数也存在，且

$$\frac{\partial z}{\partial x}=\frac{\partial z}{\partial u}\cdot\frac{\partial u}{\partial x}+\frac{\partial z}{\partial v}\cdot\frac{\partial v}{\partial x},\quad \frac{\partial z}{\partial y}=\frac{\partial z}{\partial u}\cdot\frac{\partial u}{\partial y}+\frac{\partial z}{\partial v}\cdot\frac{\partial v}{\partial y}$$

例 1　设 $z=u^2v-uv^2$，而 $u=x\cos y$，$v=x\sin y$，求$\dfrac{\partial z}{\partial x}$，$\dfrac{\partial z}{\partial y}$.

解　$$\begin{aligned}\frac{\partial z}{\partial x}&=\frac{\partial z}{\partial u}\cdot\frac{\partial u}{\partial x}+\frac{\partial z}{\partial v}\cdot\frac{\partial v}{\partial x}=(2uv-v^2)\cos y+(u^2-2uv)\sin y\\&=(2x^2\cos y\sin y-x^2\sin^2 y)\cos y+(x^2\cos^2 y-2x^2\cos y\sin y)\sin y\\&=3x^2\sin y\cos y(\cos y-\sin y)\end{aligned}$$

$$\begin{aligned}\frac{\partial z}{\partial y}&=\frac{\partial z}{\partial u}\cdot\frac{\partial u}{\partial y}+\frac{\partial z}{\partial v}\cdot\frac{\partial v}{\partial y}=(2uv-v^2)(-x\sin y)+(u^2-2uv)x\cos y\\&=(2x^2\cos y\sin y-x^2\sin^2 y)(-x\sin y)+(x^2\cos^2 y-2x^2\cos y\sin y)x\cos y\\&=x^3(\sin^3 y+\cos^3 y)-2x^3\sin y\cos y(\cos y+\sin y)\end{aligned}$$

例 2　已知 $z=f(u, v)$，$u=xy$，$v=\dfrac{y}{x}$，求$\dfrac{\partial z}{\partial x}$，$\dfrac{\partial z}{\partial y}$.

解　$$\frac{\partial z}{\partial x}=\frac{\partial z}{\partial u}\cdot\frac{\partial u}{\partial x}+\frac{\partial z}{\partial v}\cdot\frac{\partial v}{\partial x}=y\frac{\partial z}{\partial u}-\frac{y}{x^2}\frac{\partial z}{\partial v}$$

$$\frac{\partial z}{\partial y}=\frac{\partial z}{\partial u}\cdot\frac{\partial u}{\partial y}+\frac{\partial z}{\partial v}\cdot\frac{\partial v}{\partial y}=x\frac{\partial z}{\partial u}+\frac{1}{x}\frac{\partial z}{\partial v}$$

例 3 设 $z=uv+\sin t$，而 $u=e^t$，$v=\cos t$，求全导数$\dfrac{dz}{dt}$.

解 $\dfrac{dz}{dt}=\dfrac{\partial z}{\partial u}\cdot\dfrac{du}{dt}+\dfrac{\partial z}{\partial v}\cdot\dfrac{dv}{dt}+\dfrac{\partial z}{\partial t}=ve^t-u\sin t+\cos t$

$=e^t(\cos t-\sin t)+\cos t$

多元复合函数的复合关系是多种多样的，我们不可能把所有的公式都写出来，也不必要把所有的公式都写出来，只要把握住函数间的复合关系及正确对某个自变量求偏导数，准确理解并使用定理 9.4 即可.

9.4.2 隐函数的微分法

前面已经介绍了隐函数的概念，并指出了不经过显化而直接由方程 $F(x, y)=0$ 求它所确定的隐函数的导数的方法．但一般的二元方程不一定就能确定一个一元单值函数. 如果函数 $F(x, y)$ 有连续的一阶偏导数，且 $F(x_0, y_0)=0$，$F'_y(x_0, y_0)\neq 0$，则方程 $F(x, y)=0$在点 x_0 的某一邻域内能唯一确定一个单值可导的函数 $y=f(x)$．现用多元复合函数的微分法导出这种隐函数微分法的一般公式.

设隐函数关系 $y=f(x)$ 由方程 $F(x, y)=0$ 所确定，则必有恒等式

$$F[x, f(x)]=0$$

左边可以看作是 x 的一个复合函数. 恒等式两边求导后仍然恒等，即得

$$\frac{\partial F}{\partial x}+\frac{\partial F}{\partial y}\cdot\frac{dy}{dx}=0$$

若$\dfrac{\partial F}{\partial y}\neq 0$，则有

$$\frac{dy}{dx}=-\frac{\dfrac{\partial F}{\partial x}}{\dfrac{\partial F}{\partial y}}=-\frac{F'_x}{F'_y}$$

这就是由隐函数 $F(x, y)=0$ 所确定的函数 $y=f(x)$ 的求导公式.

例 4 设 $y=y(x)$ 由方程$\dfrac{x^2}{a^2}+\dfrac{y^2}{b^2}=1$ 所确定，求$\dfrac{dy}{dx}$.

解 设 $F(x, y)=\dfrac{x^2}{a^2}+\dfrac{y^2}{b^2}-1$，由于 $F_x=\dfrac{2x}{a^2}$，$F_y=\dfrac{2y}{b^2}$，所以当 $y\neq 0$ 时，有

$$\frac{dy}{dx}=-\frac{F_x}{F_y}=-\frac{b^2x}{a^2y}$$

例 5 求椭圆$\dfrac{x^2}{a^2}+\dfrac{y^2}{b^2}=1$ 上的点$\left(\dfrac{a}{2}, \dfrac{\sqrt{3}b}{2}\right)$及$\left(\dfrac{a}{2}, -\dfrac{\sqrt{3}b}{2}\right)$处的切线方程.

解　由例4知，在点$\left(\frac{a}{2}, \frac{\sqrt{3}b}{2}\right)$处

$$\frac{\mathrm{d}y}{\mathrm{d}x}=-\frac{b^2\frac{a}{2}}{a^2\frac{\sqrt{3}b}{2}}=-\frac{b}{\sqrt{3}a}$$

所以，在点$\left(\frac{a}{2}, \frac{\sqrt{3}b}{2}\right)$处的切线方程为

$$y-\frac{\sqrt{3}b}{2}=-\frac{b}{\sqrt{3}a}\left(x-\frac{a}{2}\right)$$

而在点$\left(\frac{a}{2}, -\frac{\sqrt{3}b}{2}\right)$处

$$\frac{\mathrm{d}y}{\mathrm{d}x}=-\frac{b^2\frac{a}{2}}{-a^2\frac{\sqrt{3}b}{2}}=\frac{b}{\sqrt{3}a}$$

所以，在点$\left(\frac{a}{2}, -\frac{\sqrt{3}b}{2}\right)$处的切线方程为

$$y+\frac{\sqrt{3}b}{2}=\frac{b}{\sqrt{3}a}\left(x-\frac{a}{2}\right)$$

例6　设$y=y(x)$由方程$x\tan y+y\tan x=0$所确定，求$\frac{\mathrm{d}y}{\mathrm{d}x}$.

解　设$F(x, y)=x\tan y+y\tan x$

由于　　$F_x=\tan y+\frac{y}{\cos^2 x}$，$F_y=\frac{x}{\cos^2 y}+\tan x$

所以　　$\frac{\mathrm{d}y}{\mathrm{d}x}=-\frac{F_x}{F_y}=-\frac{\tan y+y\sec^2 x}{x\sec^2 y+\tan x}$

例7　设$y=y(x)$由方程$\mathrm{e}^{xy}=3xy^2$所确定，求$\frac{\mathrm{d}y}{\mathrm{d}x}$.

解法一　设$F(x, y)=\mathrm{e}^{xy}-3xy^2$

由于　　$F_x=y\mathrm{e}^{xy}-3y^2$，$F_y=x\mathrm{e}^{xy}-6xy$

所以　　$\frac{\mathrm{d}y}{\mathrm{d}x}=-\frac{F_x}{F_y}=-\frac{y\mathrm{e}^{xy}-3y^2}{x\mathrm{e}^{xy}-6xy}$

解法二　方程$\mathrm{e}^{xy}=3xy^2$两边对x求导，得

$$\mathrm{e}^{xy}(y+xy')=3y^2+6xyy'$$

即

$$(x\mathrm{e}^{xy}-6xy)y'=3y^2-y\mathrm{e}^{xy}$$

所以
$$\frac{\mathrm{d}y}{\mathrm{d}x}=-\frac{ye^{xy}-3y^2}{xe^{xy}-6xy}$$

例 8 设 $z=z(x, y)$ 由方程 $\frac{x^2}{a^2}+\frac{y^2}{b^2}+\frac{z^2}{c^2}=1$ 所确定，求 $\frac{\partial z}{\partial x}$，$\frac{\partial z}{\partial y}$.

解 设 $F(x, y, z)=\frac{x^2}{a^2}+\frac{y^2}{b^2}+\frac{z^2}{c^2}-1$，则

$$F_x=\frac{2x}{a^2},\ F_y=\frac{2y}{b^2},\ F_z=\frac{2z}{c^2}$$

所以当 $z\neq 0$ 时，$\frac{\partial z}{\partial x}=-\frac{F_x}{F_z}=-\frac{c^2x}{a^2z}$，$\frac{\partial z}{\partial y}=-\frac{F_y}{F_z}=-\frac{c^2y}{b^2z}$

习题 9.4

1. 设 $z=\frac{x^2}{y}$，$x=u-2v$，$y=2u+v$，求 $\frac{\partial z}{\partial u}$，$\frac{\partial z}{\partial v}$.

2. 设 $z=\ln(1+uv)$，$u=x+y$，$v=x-y$，求 $\frac{\partial z}{\partial x}$，$\frac{\partial z}{\partial y}$.

3. 设 $z=e^{x-2y}$，$x=\sin t$，$y=t^3$，求 $\frac{\mathrm{d}z}{\mathrm{d}t}$.

4. 设 $z=\arctan(xy)$，$y=e^x$，求 $\frac{\mathrm{d}z}{\mathrm{d}x}$.

5. 求下列各题所指定的偏导数，其中 f 可微.

(1) $u=f(x, xy)$，$\frac{\partial u}{\partial x}$； (2) $u=f(x+y, y^2)$，$\frac{\partial u}{\partial y}$；

(3) $u=f\left(xy, \frac{y}{x}\right)$，$\frac{\partial u}{\partial x}$； (4) $u=f(e^{xy}, x^2-y^2)$，$\frac{\partial u}{\partial x}$.

6. 设 $z=x+f(u)$，$u=x^2+y^2$，f 可微，证明：$y\frac{\partial z}{\partial x}-x\frac{\partial z}{\partial y}=y$.

7. 求下列方程所确定的隐函数的导数 $\frac{\mathrm{d}y}{\mathrm{d}x}$.

(1) $\sin(xy)-x^2y=0$； (2) $\sin y+e^x-xy^2=0$；

(3) $xy+\ln y+\ln x=0$.

8. 在下列两题中，求 $\frac{\partial z}{\partial x}$，$\frac{\partial z}{\partial y}$.

(1) $e^z-xyz=0$； (2) $\frac{x}{z}=\ln\frac{z}{y}$.

9. 设 $x^3+y^3+z^3+xyz=6$ 所确定的隐函数 $z=f(x, y)$，求 $\left.\frac{\partial z}{\partial x}\right|_{(1,2,-1)}$.

10. 设 $2\sin(x+2y-3z)=x+2y-3z$，证明：$\frac{\partial z}{\partial x}+\frac{\partial z}{\partial y}=1$.

9.5　多元函数的极值

在一元函数中，利用函数的导数可以求得函数的极值，从而进一步解决一些有关最大值和最小值的应用问题．在多元函数中也有类似问题．本节先讨论多元函数的极值问题，然后讨论实际问题中的多元函数的最大值和最小值的求解问题，这里着重讨论二元函数的情形．

9.5.1　二元函数的极值

定义 9.6　设函数 $z=f(x, y)$ 在点 $M_0(x_0, y_0)$ 的某邻域内有定义，如果对于该邻域内任何异于 $M_0(x_0, y_0)$ 的点 $M(x, y)$，恒有不等式 $f(x, y)<f(x_0, y_0)$ 成立，则称函数在点 $M_0(x_0, y_0)$ 处取得极大值 $f(x_0, y_0)$；恒有不等式 $f(x, y)>f(x_0, y_0)$成立，则称函数在点 $M_0(x_0, y_0)$ 处取得极小值 $f(x_0, y_0)$．

极大值和极小值统称为极值，使函数取得极值的点 $M_0(x_0, y_0)$ 称为极值点．

例 1　函数 $z=3x^2+4y^2$ 在点 $(0, 0)$ 处能否取得极小值?

解　因为当 $x=0$，$y=0$ 时，$z=0$，在点 $(0, 0)$ 之外的任意一点均有 $z>0$. 因此函数在点 $(0, 0)$ 处取得极小值．

例 2　函数 $z=-\sqrt{x^2+y^2}$ 在点 $(0, 0)$ 处能否取得极大值?

解　因为当 $x=0$，$y=0$ 时，$z=0$，在点 $(0, 0)$ 之外的任意一点均有 $z<0$. 因此函数在点 $(0, 0)$ 处取得极大值．

例 3　函数 $z=xy$ 在点 $(0, 0)$ 处能否取得极值?

解　因为函数在点 $(0, 0)$ 处的函数值为零，而在点 $(0, 0)$ 的任一邻域内，总有使函数值为正的点，也有使函数值为负的点．因此，此函数在点 $(0, 0)$ 处既不取得极大值也不取得极小值．

关于多元函数的极值问题的判定，下面给出判定极值存在的必要条件和充分条件．

定理 9.5（极值存在的必要条件）　设函数 $z=f(x, y)$ 在点 $M_0(x_0, y_0)$ 处存在偏导数，且在点 $M_0(x_0, y_0)$ 处取得极值，则有

$$f'_x(x_0, y_0)=0, \quad f'_y(x_0, y_0)=0$$

证明　不妨设函数 $z=f(x, y)$ 在点 $M_0(x_0, y_0)$ 处取得极大值．根据极大值的定义，对于点 $M_0(x_0, y_0)$ 的某一邻域内异于 $M_0(x_0, y_0)$ 的点 (x, y)，都有不等式

$$f(x, y)<f(x_0, y_0)$$

成立．特殊地，在该邻域内取 $y=y_0$ 而 $x\neq x_0$ 的点，也应有不等式

$$f(x, y_0)<f(x_0, y_0)$$

成立．这表明一元函数 $f(x, y_0)$ 在 $x=x_0$ 处取得极大值，因而必有

$$f'_x(x_0, y_0)=0$$

类似地可证

$$f'_y(x_0, y_0)=0$$

与一元函数一样，凡是使 $f'_x(x_0, y_0)=0$，$f'_y(x_0, y_0)=0$ 同时成立的点 (x_0, y_0)，均称为函数 $z=f(x, y)$ 的驻点．

显然由定理 9.5 可知，可微函数的极值点必定是驻点，但函数的驻点不一定是极值点．例如，函数 $z=xy$ 在点 $(0, 0)$ 处的两个偏导数都是零，但该函数在 $(0, 0)$ 处既不取得极大值也不取得极小值．那么怎样判定一个驻点是否是极值点呢？下面给出判定极值存在的充分条件．

定理 9.6（极值存在的充分条件） 设函数 $z=f(x, y)$ 在点 (x_0, y_0) 的某邻域内有一阶和二阶连续的偏导数，且满足 $f'_x(x_0, y_0)=0$，$f'_y(x_0, y_0)=0$，记

$$A=f''_{xx}(x_0, y_0),\ B=f''_{xy}(x_0, y_0),\ C=f''_{yy}(x_0, y_0)$$

则有

(1) 当 $B^2-AC<0$ 时，函数 $f(x, y)$ 在点 (x_0, y_0) 处取得极值，且当 $A<0$ 时为极大值，当 $A>0$ 时为极小值；

(2) 当 $B^2-AC>0$ 时，函数 $f(x, y)$ 在点 (x_0, y_0) 处没有极值；

(3) 当 $B^2-AC=0$ 时，函数 $f(x, y)$ 在点 (x_0, y_0) 处可能有极值，也可能没有极值，要使用其他方法另作讨论．

由极值存在的必要条件和充分条件可以得出求二元函数极值的步骤．

(1) 求出函数 $f(x, y)$ 的偏导数，并解方程组

$$f'_x(x, y)=0,\ f'_y(x, y)=0$$

求出所有的驻点；

(2) 对于每一个驻点，求出对应的二阶偏导数值 A，B，C；

(3) 由 B^2-AC 的符号判定该驻点是否为极值点；

(4) 求出极值点处的函数值，即为函数的极值．

例 4 求函数 $f(x, y)=2xy-3x^2-2y^2+10$ 的极值．

解 解方程组

$$\begin{cases} f_x(x, y)=2y-6x=0 \\ f_y(x, y)=2x-4y=0 \end{cases}$$

得函数的驻点为（0，0）.

在驻点处 $A=f_{xx}(0,0)=-6$，$B=f_{xy}(0,0)=2$，$C=f_{yy}(0,0)=-4$

因 $B^2-AC=2^2-(-6)\times(-4)=-20<0$，且 $A<0$，所以函数在（0，0）处有极大值，极大值为 $f(0,0)=10$.

例 5　求函数 $f(x,y)=(2ax-x^2)(2by-y^2)$ 的极值（假定 $ab\neq 0$）.

解　解方程组

$$\begin{cases} f_x(x,y)=(2a-2x)(2by-y^2)=0 \\ f_y(x,y)=(2ax-x^2)(2b-2y)=0 \end{cases}$$

得函数的驻点为（0，0），（0，2b），（2a，0），（2a，2b），（a，b）.

再求出二阶偏导数

$f_{xx}(x,y)=-2(2by-y^2)$，$f_{xy}(x,y)=4(a-x)(b-y)$，$f_{yy}(x,y)=-2(2ax-x^2)$

在点（0，0），（0，2b），（2a，0），（2a，2b）处 $B^2-AC>0$，所以函数在这些点均不取极值.

在点（a，b）处，$B^2-AC=-4a^2b^2<0$ 且 $A=-2b^2<0$，所以函数在（a，b）处有极大值 $f(a,b)=a^2b^2$.

9.5.2　二元函数的最大值与最小值

有界闭区域 D 上的连续函数 $f(x,y)$ 必定存在最大值和最小值，这时使函数取得最大值和最小值的点既可能在 D 的内部，也可能在 D 的边界上. 假定函数在 D 上连续、在 D 内可微且只有有限个驻点，如果函数在 D 的内部取得最大值和最小值，那么这个最大值和最小值也是函数的极大值和极小值. 因此，求最大值和最小值的一般方法是：将函数 $f(x,y)$ 在 D 内的所有驻点处的函数值及在 D 的边界上的最大值和最小值相互比较，其中最大的就是最大值，最小的就是最小值. 在通常遇到的实际问题中，如果根据问题的性质，知道函数 $f(x,y)$ 的最大值（或最小值）一定在 D 的内部取得，而函数在 D 内只有一个驻点，那么可以肯定该驻点处的函数值就是函数 $f(x,y)$ 在 D 上的最大值（或最小值）.

例 6　求函数 $z=\sqrt{4-x^2-y^2}$ 在圆域 $x^2+y^2\leqslant 1$ 上的最大值.

解　解方程组

$$\begin{cases} f_x(x,y)=-\dfrac{x}{\sqrt{4-x^2-y^2}}=0 \\ f_y(x,y)=-\dfrac{y}{\sqrt{4-x^2-y^2}}=0 \end{cases}$$

得驻点（0，0），z（0，0）=2，在圆周上 $z=\sqrt{3}$，所以函数的最大值为 $z=2$.

例 7 要制作一个体积为 $0.5\ \text{m}^3$ 的长方体盒子，问如何选定尺寸使用料最省?

解 设长方体的长为 x，宽为 y，则其高应为 $z=\dfrac{0.5}{xy}$. 此时所用材料的面积为

$$S=2\left(xy+y\cdot\frac{0.5}{xy}+x\cdot\frac{0.5}{xy}\right)=2xy+\frac{1}{x}+\frac{1}{y}\quad(x>0,\ y>0)$$

由

$$\begin{cases}S_x(x,y)=2y-\dfrac{1}{x^2}=0\\ S_y(x,y)=2x-\dfrac{1}{y^2}=0\end{cases}$$

解得 $x=y=\sqrt[3]{\dfrac{1}{2}}$

由题意可知，长方体盒子所用材料最省一定存在，而在定义域 $D=\{(x,\ y)\mid x>0,\ y>0\}$ 内只有唯一的驻点 $\left(\sqrt[3]{\dfrac{1}{2}},\ \sqrt[3]{\dfrac{1}{2}}\right)$，所以此驻点一定是 S 的最小值点. 即当 $x=y=z=\sqrt[3]{\dfrac{1}{2}}$ 时，S 取最小值，这时所用的材料最省.

从这个例子还可看出，在体积一定的长方体中，以立方体的表面积为最小.

9.5.3 条件极值与拉格朗日乘数法

对于上面讨论的极值问题，自变量在定义域上可以任意取值，未受任何限制，这类无附加条件的极值问题，称为无条件极值. 在实际问题中，求极值或最值时，对自变量的取值往往要附加一定的约束条件，这类有附加条件的极值问题，称为条件极值.

例如，对于求表面积为 a^2 而体积为最大的长方体的体积问题，设长方体的长、宽、高分别为 x，y，z，则体积 $V=xyz$. 又因假定表面积为 a^2，所以自变量 x，y，z 还必须满足附加条件 $2(xy+yz+zx)=a^2$.

考虑函数 $z=f(x,\ y)$ 在满足约束条件 $\varphi(x,\ y)=0$ 时的条件极值问题，求解这一条件极值问题的常用方法是拉格朗日乘数法.

采用拉格朗日乘数法求极值的具体步骤如下：

（1）构造辅助函数（称为拉格朗日函数）

$$L(x,\ y,\ \lambda)=f(x,\ y)+\lambda\varphi(x,\ y)$$

其中 λ 为待定常数，称为拉格朗日乘数，将原条件极值问题化为求三元函数 $L(x,\ y,\ \lambda)$ 的无条件极值问题；

(2) 根据无条件极值问题极值存在的必要条件有

$$\begin{cases}L'_x(x,\ y,\ \lambda)=f'_x(x,\ y)+\lambda\varphi'_x(x,\ y)=0\\ L'_y(x,\ y,\ \lambda)=f'_y(x,\ y)+\lambda\varphi'_y(x,\ y)=0\\ L'_\lambda(x,\ y,\ \lambda)=\varphi\ (x,\ y)=0\end{cases}$$

由这个方程组解出 x，y 及 λ，则其中点（x，y）就是所要求的可能的极值点；

(3) 判别求出的（x，y）是否为极值点，通常由实际问题的实际意义判定.

这种方法可以推广到自变量多于两个而条件多于一个的情形.

例 8　求函数 $z=xy$ 在条件 $x+y=1$ 下的极值.

解　构造辅助函数（拉格朗日函数）

$$L\ (x,\ y,\ \lambda)=xy+\lambda\ (x+y-1)$$

解方程组

$$\begin{cases}L_x=y+\lambda=0\\ L_y=x+\lambda=0\\ L_\lambda=x+y-1=0\end{cases}$$

得 $x=y=\dfrac{1}{2}$，这是唯一可能的极值点．考察函数知，其在 $\left(\dfrac{1}{2},\ \dfrac{1}{2}\right)$ 处取得极大值，所以 $z=\dfrac{1}{2}\times\dfrac{1}{2}=\dfrac{1}{4}$ 为极大值.

例 9　求抛物线 $y=x^2$ 上的点到直线 $x-y-2=0$ 的最短距离.

解　设抛物线上的点为（x，y），它到直线的距离为

$$d(x,\ y)=\frac{|x-y-2|}{\sqrt{2}}$$

令
$$u=d^2(x,\ y)=\frac{(x-y-2)^2}{2}$$

则当 u 取得最小值时，就可以使 d 最短．因此本问题可以转化为求 $d^2(x,\ y)$ 在约束条件 $y=x^2$ 下的极值.

构造函数

$$L(x,\ y,\ \lambda)=\frac{(x-y-2)^2}{2}+\lambda(y-x^2)$$

解方程组

$$\begin{cases}L_x=(x-y-2)-2\lambda x=0\\ L_y=-(x-y-2)+\lambda=0\\ L_\lambda=y-x^2=0\end{cases}$$

消去 y 得 λ（$-2x+1$）$=0$. 若 $\lambda=0$，则 $x-y-2=0$. 又 $y-x^2=0$，所以得到 $-x^2+x-$

$2=0$，这个方程无实数解. 若$-2x+1=0$，则得 $x=\frac{1}{2}$，$y=\frac{1}{4}$，这是唯一可能的极值点. 由题意知最小值一定存在，所以这个点就是最小值点. 也就是说，当 $x=\frac{1}{2}$，$y=\frac{1}{4}$时，u 取得最小值，这时可得最短距离为

$$d(x,\ y)=\frac{\left|\frac{1}{2}-\frac{1}{4}-2\right|}{\sqrt{2}}=\frac{7\sqrt{2}}{8}$$

习题 9.5

1. 求下列函数的极值.

(1) $z=x^2-xy+y^2-2x+y$；　　(2) $z=xy(6-x-y)$；

(3) $z=x^3+y^3-3xy$.

2. 求函数 $z=x+2y$ 在约束条件 $x^2+y^2=5$ 下的条件极值.

3. 求 $u=x-2y+2z$ 在约束条件 $x^2+y^2+z^2=9$ 下的条件极值.

4. 在 xOy 平面上求一点，使它到 $x=0$，$y=0$ 及 $x+2y=16$ 三条直线的距离平方和最小.

5. 求原点到曲面 $z^2=xy+x-y+4$ 的最短距离.

第 10 章 多元函数的积分

本章将一元函数的定积分推广到多元函数的积分，主要讨论二重积分及两类曲线积分的概念、性质与计算．在讨论二重积分时，根据积分范围的不同情形，将分别介绍直角坐标系和极坐标系下的二重积分的计算．在讨论曲线积分后，继而研究与之相关的格林公式.

10.1 二重积分的概念

10.1.1 引例——求曲顶柱体的体积

设 D 是 xOy 面上的一个有界闭区域，$z=f(x, y)$ 是在区域 D 上连续的二元函数，并且 $f(x, y)\geqslant 0$，$(x, y)\in D$.

如图 10－1 所示，现以 D 为底面、曲面 $z=f(x, y)$ 为顶面作一个柱体．由于这个柱体的顶面是曲面，因此称它为曲顶柱体.

现在欲求这个曲顶柱体的体积，易见，解决这个问题的困难在于顶面是曲面．可联想求曲边梯形的面积，依照 5.1 节中介绍的求曲边梯形的面积的方法来解决这个问题．

1）分割

将 D 任意分割为 n 个小区域 $\Delta\sigma_1$，$\Delta\sigma_2$，…，$\Delta\sigma_n$，同时用 $\Delta\sigma_i$（$i=1, 2, \cdots, n$）表示各小区域的面积．相应地，整个曲顶柱体被分为 n 个小平顶柱体，图 10－2 画出了其中第 i 个小平顶柱体．

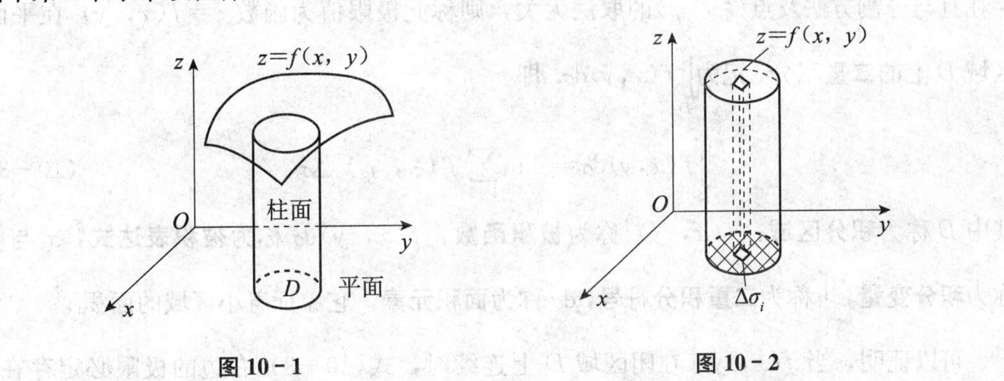

图 10－1　　图 10－2

2）局部近似

对于每个小平顶柱体，在底面 $\Delta\sigma_i$ 上任取一点（ξ_i，η_i），可以将这个小平顶柱体近似看成高为 $f(\xi_i, \eta_i)$ 的平面柱体，体积为 $f(\xi_i, \eta_i)\Delta\sigma_i(i=1, 2, \cdots, n)$.

3）求和

把 n 个小平顶柱体的体积加起来，便是整个曲顶柱体体积 V 的近似值，即

$$V \approx \sum_{i=1}^{n} f(\xi_i, \eta_i)\Delta\sigma_i \tag{10-1}$$

4）取极限

当分割的份数 n 趋于无穷且每一个小区域 $\Delta\sigma_i$ 收缩于一点时，式（10-1）的极限便是曲顶柱体体积的精确值．用 λ 表示 n 个小区域的最大直径（闭区域上任意两点之间的距离的最大者称为该区域的直径），则

$$V = \lim_{\lambda \to 0}\sum_{i=1}^{n} f(\xi_i, \eta_i)\Delta\sigma_i \tag{10-2}$$

这样，求曲顶柱体体积的问题就归结为求式（10-2）中的极限了．如果这个极限存在，就把它定义为函数 $f(x, y)$ 在区域 D 上的二重积分．舍去引例中具体的几何意义，下面给出二重积分的定义.

10.1.2　二重积分的概念

定义 10.1　设 $z=f(x, y)$ 是定义在平面有界闭区域 D 上的二元函数，用曲线网将 D 任意分割成 n 个小区域 $\Delta\sigma_1$，$\Delta\sigma_2$，…，$\Delta\sigma_n$，$\Delta\sigma_i(i=1, 2, \cdots, n)$ 同时表示小区域 $\Delta\sigma_i$ 的面积，在每个小区域 $\Delta\sigma_i$ 中任取一点（ξ_i，η_i）作乘积 $f(\xi_i, \eta_i)\Delta\sigma_i$，并作和 $\sum\limits_{i=1}^{n} f(\xi_i, \eta_i)\Delta\sigma_i$. 当 n 无限增大，各小区域直径的最大值 λ 趋于零时，如果极限

$$\lim_{\lambda \to 0}\sum_{i=1}^{n} f(\xi_i, \eta_i)\Delta\sigma_i$$

存在且与分割方法及点(ξ_i, η_i)的取法无关，则称此极限值为函数 $z=f(x, y)$ 在平面区域 D 上的**二重积分**，记为$\iint\limits_D f(x,y)\mathrm{d}\sigma$. 即

$$\iint\limits_D f(x,y)\mathrm{d}\sigma = \lim_{\lambda \to 0}\sum_{i=1}^{n} f(\xi_i, \eta_i)\Delta\sigma_i \tag{10-3}$$

其中 D 称为**积分区域**，$f(x, y)$ 称为**被积函数**，$f(x, y)\mathrm{d}\sigma$ 称为**被积表达式**，x 与 y 称为**积分变量**，$\iint$ 称为**二重积分符号**，$\mathrm{d}\sigma$ 称为**面积元素**，它象征着小区域的面积．

可以证明，当 $f(x, y)$ 在闭区域 D 上连续时，式(10-3) 右边的极限必定存在，

即此时 $f(x, y)$ 在 D 上的二重积分必定存在. 以后我们总假定 $f(x, y)$ 在闭区域 D 上是连续的.

当用平行于 x 轴与 y 轴的直线网格分割时，$\Delta\sigma_i = \Delta x_i \cdot \Delta y_i$，二重积分 $\iint\limits_D f(x, y)\,\mathrm{d}\sigma$ 可写成 $\iint\limits_D f(x, y)\,\mathrm{d}x\mathrm{d}y$.

由引例可见，当 $f(x, y)\geqslant 0$ 时，二重积分 $\iint\limits_D f(x, y)\,\mathrm{d}\sigma$ 所表示的几何意义是以 D 为底，$z=f(x, y)$ 为顶面，侧面母线平行于 z 轴的曲顶柱体的体积. 即

$$V_{\text{曲顶柱体}} = \iint\limits_D f(x, y)\,\mathrm{d}\sigma \quad (f(x, y)\geqslant 0)$$

而当 $f(x, y)=1$ 时，有

$$A = \iint\limits_D \mathrm{d}\sigma$$

其中 A 是区域 D 的面积.

如果 $f(x, y)\geqslant 0$，被积函数 $f(x, y)$ 可解释为曲顶柱体顶上的点 $(x, y, f(x, y))$ 的竖坐标，所以二重积分的几何意义就是曲顶柱体的体积. 如果 $f(x, y)<0$，柱体在 xOy 面的下方，二重积分就等于曲顶柱体体积的负值. 如果 $f(x, y)$ 在 D 的某些区域上是正的，而在其余区域上是负的，那么二重积分 $\iint\limits_D f(x, y)\,\mathrm{d}\sigma$ 就等于 xOy 面上方的曲顶柱体体积与 xOy 面下方的曲顶柱体体积的负值的代数和.

10.1.3 二重积分的性质

类似于定积分，二重积分有下列性质.

(1) **线性性质** $\iint\limits_D kf(x,y)\,\mathrm{d}\sigma = k\iint\limits_D f(x,y)\,\mathrm{d}\sigma$ （k 为常数）

$$\iint\limits_D [f(x,y) \pm g(x,y)]\,\mathrm{d}\sigma = \iint\limits_D f(x,y)\,\mathrm{d}\sigma \pm \iint\limits_D g(x,y)\,\mathrm{d}\sigma$$

(2) **区域可加性** 若 $D=D_1+D_2$，则

$$\iint\limits_D f(x,y)\,\mathrm{d}\sigma = \iint\limits_{D_1} f(x,y)\,\mathrm{d}\sigma + \iint\limits_{D_2} f(x,y)\,\mathrm{d}\sigma$$

(3) **保序性** 若 $f(x, y) \leqslant g(x, y)$，则

$$\iint\limits_D f(x,y)\,\mathrm{d}\sigma \leqslant \iint\limits_D g(x,y)\,\mathrm{d}\sigma$$

(4) **估值定理** 若 $m\leqslant f(x, y) \leqslant M$，则

$$mS_D \leqslant \iint\limits_D f(x,y)\mathrm{d}\sigma \leqslant MS_D$$

其中 S_D 为区域 D 的面积.

（5）**二重积分中值定理** 若 $f(x,\ y)$ 在有界闭区域 D 上连续，D 的面积为 A，则在 D 内至少存在一点 $(\xi,\ \eta)$，使得

$$\iint\limits_D f(x,\ y)\ \mathrm{d}\sigma = f(\xi,\ \eta)\ A$$

二重积分中值定理的几何意义：以 D 为底，$z=f(x,\ y)$（$f(x,\ y)\geqslant 0$）为曲顶的曲顶柱体体积等于一个同底的平顶柱体的体积，这个平顶柱体的高等于区域 D 中某点 $(\xi,\ \eta)$ 处的函数值 $f(\xi,\ \eta)$.

例 1 比较二重积分 $\iint\limits_D \ln(x+y)\mathrm{d}\sigma$ 与 $\iint\limits_D [\ln(x+y)]^2\mathrm{d}\sigma$ 的大小．其中 D 是矩形闭区域：$3\leqslant x\leqslant 6$，$0\leqslant y\leqslant 1$.

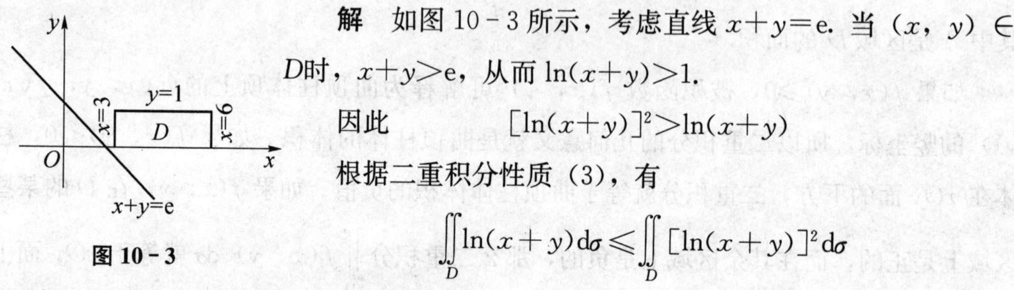

图 10-3

解 如图 10-3 所示，考虑直线 $x+y=\mathrm{e}$. 当 $(x,\ y)\in D$ 时，$x+y>\mathrm{e}$，从而 $\ln(x+y)>1$.

因此 $$[\ln(x+y)]^2>\ln(x+y)$$

根据二重积分性质（3），有

$$\iint\limits_D \ln(x+y)\mathrm{d}\sigma \leqslant \iint\limits_D [\ln(x+y)]^2\mathrm{d}\sigma$$

例 2 利用二重积分的性质估计二重积分

$$I=\iint\limits_D (x^2+3y^2+2)\mathrm{d}\sigma$$

的值．其中 D 是圆形闭区域：$x^2+y^2\leqslant 2$.

解 $f(x,\ y)=x^2+3y^2+2$ 在 D 上连续，在 D 内有唯一驻点 $(0,\ 0)$，并且容易求得 $f(x,\ y)$ 在 D 上的最小值 $m=f(0,\ 0)=2$. 因此 $f(x,\ y)$ 的最大值在 D 的边界上取得.

令 $x=\sqrt{2}\cos t$，$y=\sqrt{2}\sin t$，代入得

$$f(x,\ y)=4+4\sin^2 t=4(1+\sin^2 t),\ t\in[0,\ 2\pi]$$

由此可得最大值 $M=8$，并且 D 的面积为 2π. 由二重积分的性质（4），得

$$4\pi\leqslant I\leqslant 16\pi$$

习题 10.1

1. 根据二重积分的性质，比较下列积分的大小.

(1) $\iint\limits_D (x+y)^2\mathrm{d}\sigma$ 与 $\iint\limits_D (x+y)^3\mathrm{d}\sigma$，其中 D 是由 x 轴、y 轴与直线 $x+y=1$ 所围成；

(2) $\iint\limits_D \ln(x+y)\mathrm{d}\sigma$ 与 $\iint\limits_D [\ln(x+y)]^2\mathrm{d}\sigma$，其中 D 是三角形闭区域，三顶点分别为（1，0），（1，1），（2，0）.

2. 估计下列二重积分的值.

(1) $I=\iint\limits_D (x^2+3y^2+2)\mathrm{d}\sigma$，其中 D 是圆形闭区域：$x^2+y^2\leqslant 4$；

(2) $I=\iint\limits_D \sin^2 x\sin^2 y\mathrm{d}\sigma$，其中 D 是矩形闭区域：$0\leqslant x\leqslant\pi$，$0\leqslant y\leqslant\pi$.

10.2　二重积分的计算

二重积分 $\iint\limits_D f(x,y)\mathrm{d}\sigma$ 中有两个积分变量，对一个变量求积分是比较容易实现的，那么能否将二重积分化为一次只对一个变量求积分，连续积分两次的情形呢？本节就研究如何将二重积分化为两个定积分来计算，这种积分方法称为二次积分.

10.2.1　直角坐标系下二重积分的计算

利用二重积分的几何意义来建立计算公式．假设 $z=f(x,y)\geqslant 0$ 在有界闭区域 D 上连续，记以曲面 $z=f(x,y)$ 为顶面，区域 D 为底面的曲顶柱体体积为 V，则

$$V=\iint\limits_D f(x,y)\mathrm{d}\sigma=\iint\limits_D f(x,y)\,\mathrm{d}x\mathrm{d}y$$

按照区域的特点，把问题分为以下两种类型.

1. X 型区域

若积分区域由两条竖直平行线 $x=a$，$x=b$ 及两条曲线 $y=\varphi_1(x)$，$y=\varphi_2(x)$ 围成，如图 10－4 所示，该区域内点（x，y）的坐标表示式为 $\begin{cases} a\leqslant x\leqslant b \\ \varphi_1(x)\leqslant y\leqslant\varphi_2(x) \end{cases}$，那么这种类型的区域称为 X 型区域.

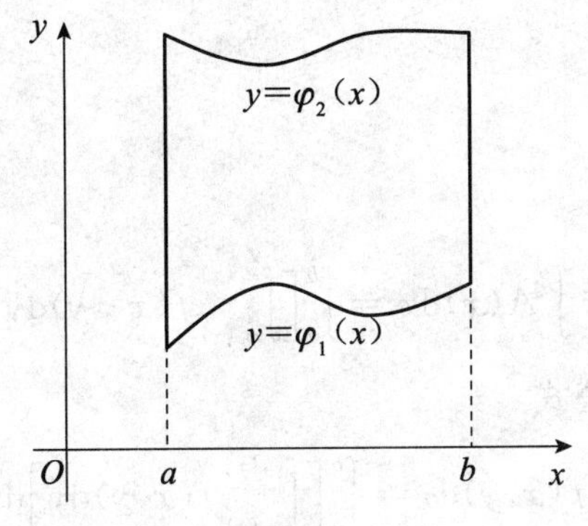

图 10－4

用微元法计算曲顶柱体的体积．在［a，b］上任取一点 x_0，作平面 $x=x_0$，与曲顶柱体相交的截面是以区间［$\varphi_1(x_0)$，$\varphi_2(x_0)$］为底、$z=f(x_0,y)$ 为曲边的曲边梯形，如图 10－5 所示．这一曲边梯形的面积为

$$A(x_0)=\int_{\varphi_1(x_0)}^{\varphi_2(x_0)} f(x_0, y)\,\mathrm{d}y$$

由于 x_0 的任意性，过［a，b］内任意一点 x 且垂直于坐标面 xOy 的平面与曲顶柱体相交的截面的面积为

$$A(x)=\int_{\varphi_1(x)}^{\varphi_2(x)} f(x, y)\,\mathrm{d}y$$

其中 y 是积分变量，在积分过程中 x 保持不变，该运算是对 y 求偏导数的逆运算，所得到的截面面积 $A(x)$ 一般是 x 的函数.

如图 10－6 所示，在［a，b］内点 x 处给增量 Δx，对应得到一薄片曲顶柱体，其体积近似看成以 $A(x)$ 为底、以 Δx 为高（厚度）的薄片直柱体的体积，得到曲顶柱体的体积微元

$$\mathrm{d}V=A(x)\cdot\Delta x=A(x)\cdot\mathrm{d}x$$

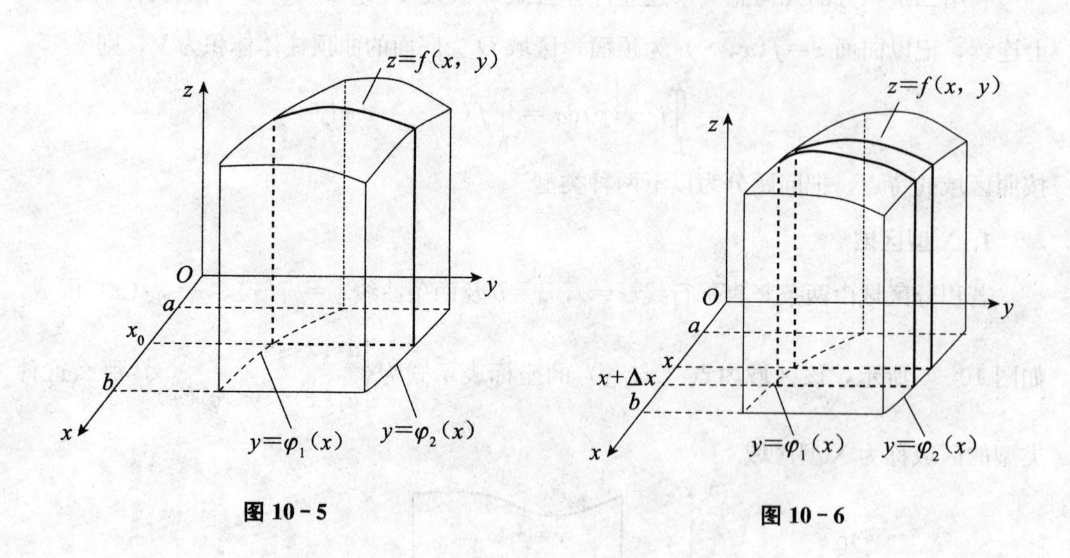

图 10－5　　　　图 10－6

于是曲顶柱体的体积为

$$V=\int_a^b A(x)\mathrm{d}x=\int_a^b\left[\int_{\varphi_1(x)}^{\varphi_2(x)} f(x, y)\mathrm{d}y\right]\mathrm{d}x$$

从而得到二重积分的计算公式

$$\iint_D f(x,y)\mathrm{d}\sigma=\int_a^b\left[\int_{\varphi_1(x)}^{\varphi_2(x)} f(x,y)\mathrm{d}y\right]\mathrm{d}x$$

或记为

$$\iint_D f(x,y)\mathrm{d}\sigma = \int_a^b \mathrm{d}x \int_{\varphi_1(x)}^{\varphi_2(x)} f(x, y)\,\mathrm{d}y \tag{10-4}$$

式（10－4）右端的表达式称为**二次积分或累次积分**.

将积分区域 D 是$\begin{cases} a\leqslant x\leqslant b \\ \varphi_1(x)\leqslant y\leqslant\varphi_2(x) \end{cases}$形式的二重积分化为二次积分时，要注意积分次序和积分限两个问题．对于积分次序，按推证过程知，首先把 x 看作常数，对 y 积分，积分结果是 x 的函数，然后再对 x 积分，即可求得积分数值．积分上、下限如何确定是一个关键，对 x 积分的积分上、下限是两条平行线 $x=a$，$x=b$ 对应的值，对 y 积分的积分上、下限一般是 x 的函数，在 $[a, b]$ 内，由下向上作平行于 y 轴的直线，若先与曲线 $y=\varphi_1(x)$ 相交，后与曲线 $y=\varphi_2(x)$ 相交，则 $\varphi_1(x)$ 为积分下限，$\varphi_2(x)$ 为积分上限.

2. Y 型区域

若积分区域由两条水平平行线 $y=c$，$y=d$ 及两条曲线 $x=\psi_1(y)$，$x=\psi_2(y)$ 围成，如图 10－7 所示，该区域内点（x，y）的坐标表示式为$\begin{cases} c\leqslant y\leqslant d \\ \psi_1(y)\leqslant x\leqslant\psi_2(y) \end{cases}$，那么这种类型的区域称为 Y 型区域.

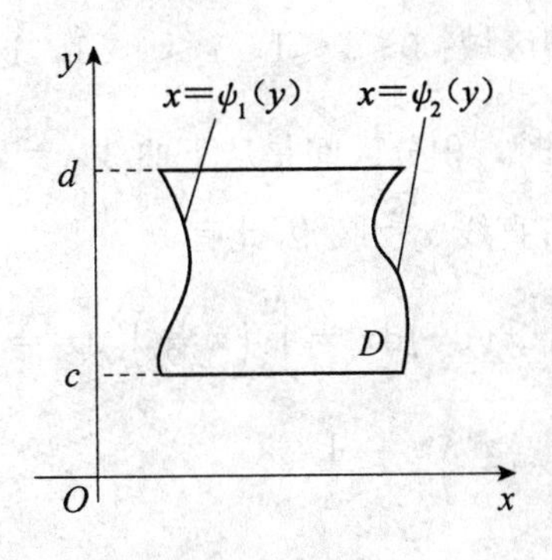

图 10－7

类似可得到计算公式

$$\iint_D f(x,y)\mathrm{d}\sigma = \int_c^d \mathrm{d}y \int_{\psi_1(y)}^{\psi_2(y)} f(x,y)\mathrm{d}x \tag{10-5}$$

式（10－5）的积分次序和积分限的确定与 X 型区域相似. 在公式推导过程中假设函数 $f(x, y)\geqslant 0$，实际上若去掉 $f(x, y)\geqslant 0$ 这一假设，公式仍然成立.

注意：计算二重积分的一般步骤是：

（1）先画积分区域草图，求出边界线的交点，根据图形确定区域 D 的类型；

（2）用平行穿线法确定积分限，化为二次积分；

（3）如果 D 是 X 型区域，则先视 x 为常数对 y 积分，然后将第一次积分结果再对 x 积分；如果 D 是 Y 型区域，则先视 y 为常数对 x 积分，然后将第一次积分结果再对 y 积分；

（4）有些积分区域 D 既可以看成是 X 型区域也可以看成是 Y 型区域，此时应注意结合函数选择积分顺序，有些区域经过分割后可分成几个 X 型区域或 Y 型区域，应分别计算后再求和．

如果积分区域 D 是矩形区域 $\begin{cases} a\leqslant x\leqslant b \\ c\leqslant y\leqslant d \end{cases}$，又函数中变量可分离，即 $f(x,\ y)=f_1(x)\cdot f_2(y)$，则

$$\iint\limits_D f(x,y)\mathrm{d}\sigma=\int_a^b\mathrm{d}x\int_c^d f_1(x)f_2(y)\mathrm{d}y=\int_a^b f_1(x)\mathrm{d}x\cdot\int_c^d f_2(y)\mathrm{d}y \tag{10-6}$$

例 1　计算 $\iint\limits_D xy\mathrm{d}\sigma$，其中 D 是由直线 $x=0$，$y=1$ 及 $y=x$ 所围成的闭区域.

解　积分区域如图 10－8 所示，可以看到，区域 D 既是 X 型区域又是 Y 型区域.

解法一　将 D 看作 X 型区域：$0\leqslant x\leqslant 1$，$x\leqslant y\leqslant 1$，这样 $\iint\limits_D xy\mathrm{d}\sigma$ 可以化成先对 y 后对 x 的二次积分．对 y 积分时，积分区间是从下曲线 $y=x$ 到上曲线 $y=1$，对 x 积分时积分区间从左直线 $x=0$ 到右直线 $x=1$，因此有

$$\iint\limits_D xy\mathrm{d}\sigma=\int_0^1\left(\int_x^1 xy\mathrm{d}y\right)\mathrm{d}x=\int_0^1\left(x\frac{y^2}{2}\right)_x^1\mathrm{d}x=\int_0^1\left(\frac{x}{2}-\frac{x^3}{2}\right)\mathrm{d}x$$

$$=\left(\frac{x^2}{4}-\frac{x^4}{8}\right)_0^1=\frac{1}{8}.$$

解法二　将 D 看作 Y 型区域：$0\leqslant y\leqslant 1$，$0\leqslant x\leqslant y$，这样 $\iint\limits_D xy\mathrm{d}\sigma$ 可以化成先对 x 后对 y 的二次积分．对 x 积分时，积分区间是从左曲线 $x=0$ 到右曲线 $x=y$，对 y 积分时，积分区间是从下直线 $y=0$ 到上直线 $y=1$，因此有

$$\iint\limits_D xy\mathrm{d}\sigma=\int_0^1\left(\int_0^y xy\mathrm{d}x\right)\mathrm{d}y=\int_0^1\left(y\frac{x^2}{2}\right)_0^y\mathrm{d}y=\int_0^1\frac{y^3}{2}\mathrm{d}y=\frac{1}{8}$$

例 2　计算 $\iint\limits_D \frac{x^2}{y^2}\mathrm{d}\sigma$，其中 D 是由 $x=2$，$y=\frac{1}{x}$ 及 $y=x$ 所围成的区域.

解　区域 D 如图 10－9 所示，很明显，D 是 X 型区域：$1\leqslant x\leqslant 2$，$\frac{1}{x}\leqslant y\leqslant x$. 这样 $\iint\limits_D \frac{x^2}{y^2}\mathrm{d}\sigma$ 可以化成先对 y 后对 x 的二次积分．对 y 积分时，积分区间是从下曲线 $y=\frac{1}{x}$ 到上曲线 $y=x$，对 x 积分时，积分区间是从左直线 $x=1$ 到右直线 $x=2$，因此有

$$\iint\limits_D \frac{x^2}{y^2}\mathrm{d}\sigma=\int_1^2\mathrm{d}x\int_{\frac{1}{x}}^{x}\frac{x^2}{y^2}\mathrm{d}y=\int_1^2 x^2\mathrm{d}x\int_{\frac{1}{x}}^{x}\frac{1}{y^2}\mathrm{d}y=\int_1^2 x^2\left(-\frac{1}{y}\bigg|_{\frac{1}{x}}^{x}\right)\mathrm{d}x$$

$$=\int_1^2 x^2\left(-\frac{1}{x}+x\right)\mathrm{d}x=\int_1^2(-x+x^3)\mathrm{d}x=\left(-\frac{1}{2}x^2+\frac{x^4}{4}\right)\bigg|_1^2=\frac{9}{4}$$

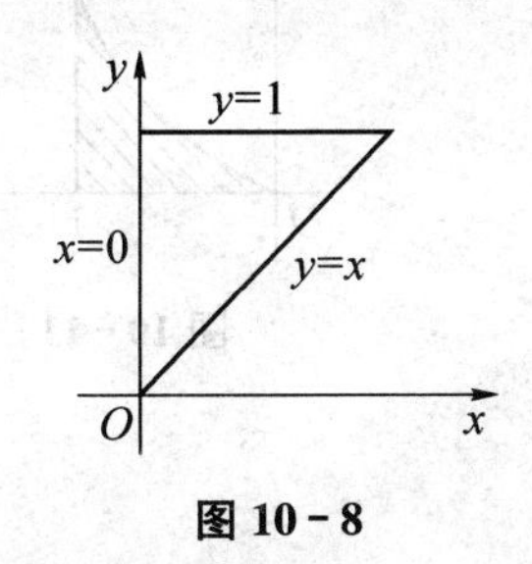

图 10－8

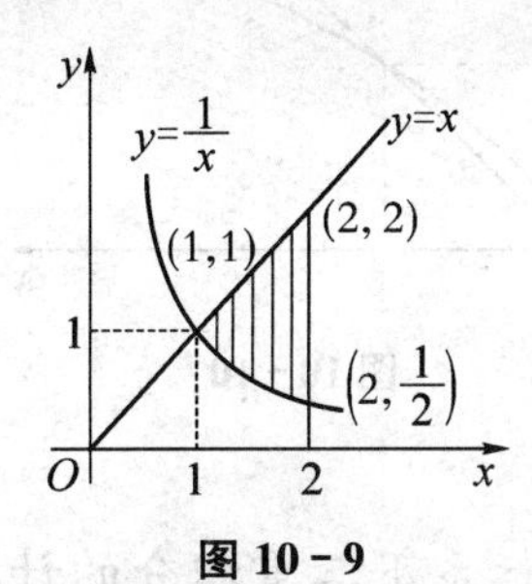

图 10－9

例 3　计算 $\iint\limits_D \frac{\sin y}{y}\mathrm{d}x\mathrm{d}y$，其中 D 是由曲线 $y^2=x$ 及直线 $y=x$ 所围成的区域.

解　区域 D 如图 10－10 所示，D 既是 X 型又是 Y 型区域，也就是说，既可以将其化为先对 y 后对 x 的二次积分，也可以化为先对 x 后对 y 的二次积分．而由于 $\int\frac{\sin y}{y}\mathrm{d}y$ 的原函数不是初等函数，因此应先对 x 积分后对 y 积分，即将 D 看作 Y 型区域，因此有

$$\iint\limits_D \frac{\sin y}{y}\mathrm{d}x\mathrm{d}y=\int_0^1\mathrm{d}y\int_{y^2}^{y}\frac{\sin y}{y}\mathrm{d}x=\int_0^1\frac{\sin y}{y}\mathrm{d}y\int_{y^2}^{y}\mathrm{d}x=\int_0^1\frac{\sin y}{y}(y-y^2)\mathrm{d}y$$

$$=\int_0^1\sin y(1-y)\mathrm{d}y=1-\sin 1$$

注意：此题说明，对于某些二重积分，如果不更换成恰当的积分次序，将无法进行计算，所以在计算二重积分时，必须适当选取积分次序．另外，即使按不同的顺序都可以积分，但是其计算的繁简程度通常也是不同的．

例 4　假设 $f(x,\ y)$ 是连续函数，交换二次积分 $\int_0^1\mathrm{d}x\int_0^{x^2}f(x,\ y)\mathrm{d}y$ 的积分次序.

解　我们知道二重积分是化成二次积分计算的，反之二次积分也对应着二重积分，因此

$$\int_0^1 \mathrm{d}x\int_0^{x^2} f(x,y)\mathrm{d}y=\iint\limits_D f(x,y)\mathrm{d}x\mathrm{d}y$$

先把 D 看成是 X 型区域：$0\leqslant x\leqslant 1$，$0\leqslant y\leqslant x^2$，如图 10 - 11 所示，再把 D 看成 Y 型区域：$0\leqslant y\leqslant 1$，$\sqrt{y}\leqslant x\leqslant 1$，于是有

$$\int_0^1 \mathrm{d}x\int_0^{x^2} f(x,\ y)\ \mathrm{d}y=\int_0^1 \mathrm{d}y\int_{\sqrt{y}}^1 f(x,\ y)\mathrm{d}x$$

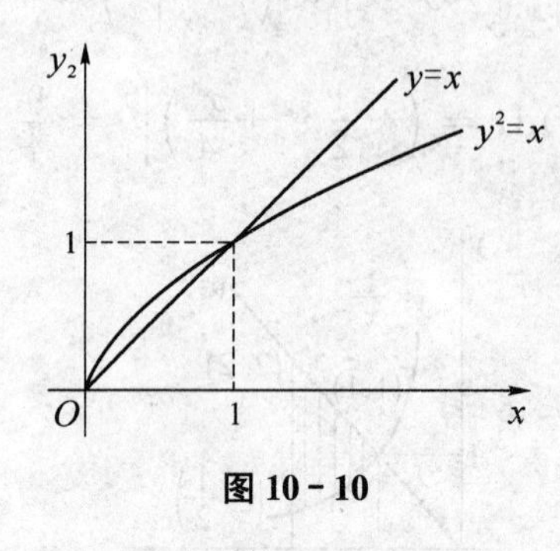

图 10 - 10

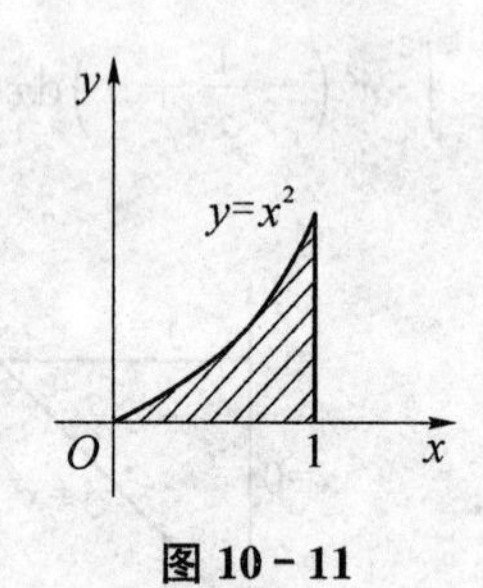

图 10 - 11

10.2.2 极坐标系下二重积分的计算

有些二重积分，其积分区域 D 的边界曲线、被积函数利用极坐标变量 r(或 ρ)，θ 表达比较简单，这时可以考虑用极坐标来计算二重积分.

首先要把二重积分 $\iint\limits_D f(x,y)\mathrm{d}\sigma$ 转化为极坐标下的二重积分.

设积分区域 D 的边界与过极点的射线相交不多于两点，或者边界的一部分是射线的一段，$f(x,\ y)$ 在 D 上连续，在极坐标系中，用以极点为圆心的同心圆族 $r=c$ 与以极点为端点的射线族 $\theta=k$ 分割区域 D，如图 10 - 12 所示.

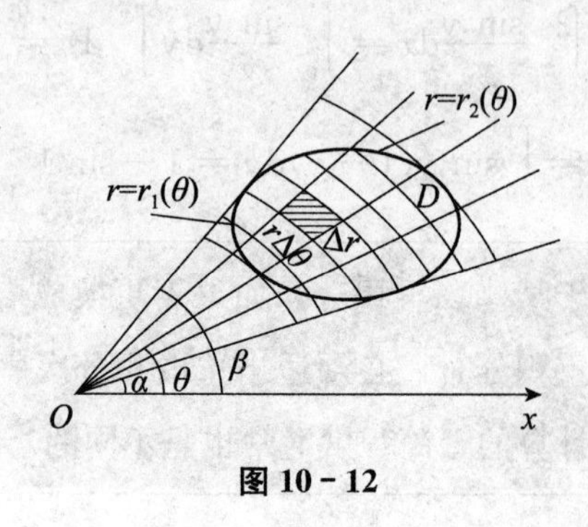

图 10 - 12

其任一小块的面积

$$\Delta\sigma\approx r\Delta\theta\Delta r$$

于是可得极坐标系中的面积元素

$$\mathrm{d}\sigma=r\mathrm{d}r\mathrm{d}\theta$$

而直角坐标与极坐标之间的转换关系为

$$x=r\cos\theta,\quad y=r\sin\theta$$

这样就得到将直角坐标系下的二重积分变换为极坐标系下的二重积分的变换公式

$$\iint_D f(x,y)\mathrm{d}\sigma=\iint_D f(r\cos\theta,r\sin\theta)r\mathrm{d}\theta\mathrm{d}r \tag{10-7}$$

然后化为二次积分

$$\begin{aligned}\iint_D f(x,y)\mathrm{d}\sigma&=\iint_D f(r\cos\theta,r\sin\theta)r\mathrm{d}\theta\mathrm{d}r\\&=\int_\alpha^\beta\mathrm{d}\theta\int_{r_1(\theta)}^{r_2(\theta)}f(r\cos\theta,r\sin\theta)r\mathrm{d}r\end{aligned} \tag{10-8}$$

这里$[\alpha,\beta]$是极角θ的变化区间，即积分区域D介于两条射线$\theta=\alpha$与$\theta=\beta$之间．内层积分上、下限的确定方法如下：从极点出发在(α,β)内作一条极角为θ的有向射线去穿透D，如图 10－13 所示，则进入点与穿出点的极径$r_1(\theta)$与$r_2(\theta)$就分别为内层积分的下限与上限.

特别地，若极点在D内部，如图 10－14 所示，则

$$\iint_D f(x,y)\mathrm{d}\sigma=\int_0^{2\pi}\mathrm{d}\theta\int_0^{r(\theta)}f(r\cos\theta,r\sin\theta)r\mathrm{d}r$$

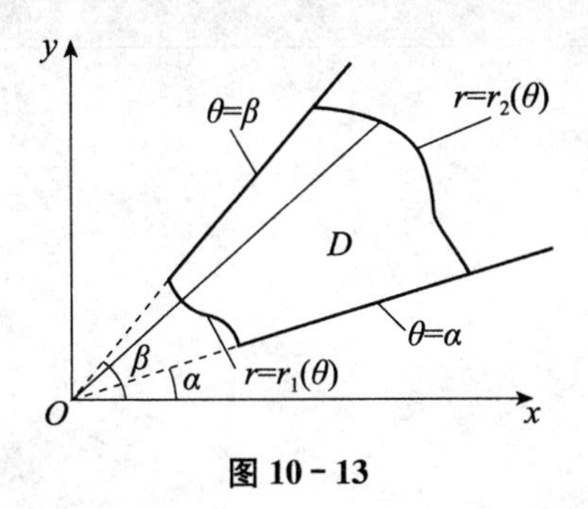

图 10－13

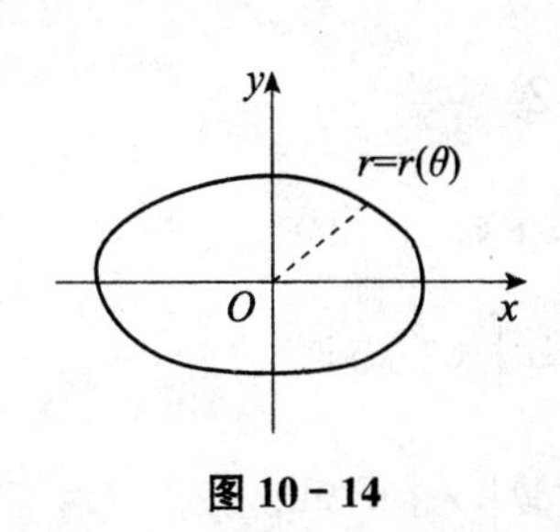

图 10－14

例 5　计算$\iint_D(x^2+y^2)\mathrm{d}\sigma$，其中积分区域$D$由曲线$x^2+y^2=1$，$x^2+y^2=4$与直线$y=0$及$y=x$围成.

解　积分区域D如图 10－15 所示.

$$\iint_D(x^2+y^2)\mathrm{d}\sigma=\iint_D\rho^3\mathrm{d}\rho\mathrm{d}\theta=\int_0^{\frac{\pi}{4}}\mathrm{d}\theta\int_1^2\rho^3\mathrm{d}\rho=\frac{15}{16}\pi$$

例 6　计算$\iint_D\sqrt{R^2-x^2-y^2}\,\mathrm{d}x\mathrm{d}y$，其中$D$为$x$轴与$x^2+y^2=Rx$ $(R>0)$所围成的图形在第一象限的部分.

解 积分区域 D 如图 10－16 所示.

$$\iint\limits_D \sqrt{R^2-x^2-y^2}\,\mathrm{d}x\mathrm{d}y=\iint\limits_D \sqrt{R^2-\rho^2}\,\rho\mathrm{d}\rho\mathrm{d}\theta$$

$$=\int_0^{\frac{\pi}{2}}\mathrm{d}\theta\int_0^{R\cos\theta}\sqrt{R^2-\rho^2}\,\rho\mathrm{d}\rho$$

$$=\int_0^{\frac{\pi}{2}}\left(-\frac{1}{2}\right)\frac{2}{3}\left(R^2-\rho^2\right)^{\frac{3}{2}}\Big|_0^{R\cos\theta}\mathrm{d}\theta=\frac{R^3}{3}\int_0^{\frac{\pi}{2}}(1-\sin^3\theta)\mathrm{d}\theta$$

$$=\frac{R^3}{3}\left(\frac{\pi}{2}-\frac{2}{3}\right)$$

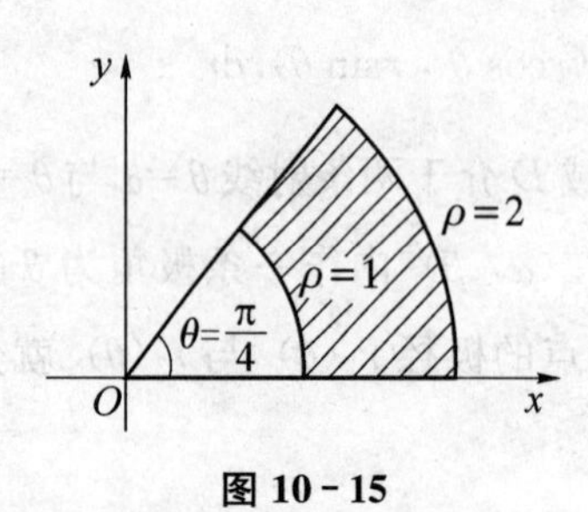

图 10－15

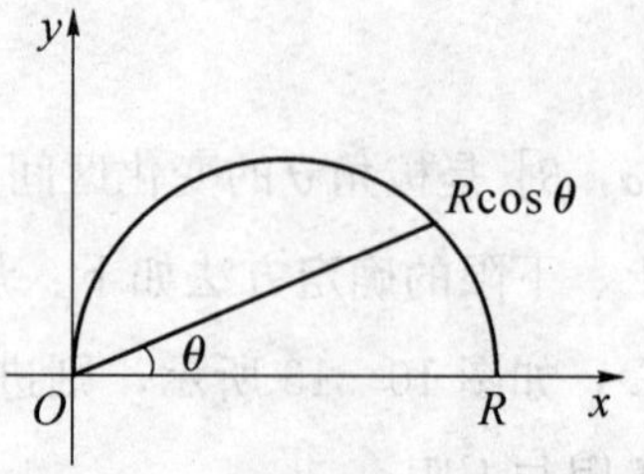

图 10－16

> **注意：当被积函数以 $f(x^2+y^2)$ 形式出现，或积分区域为圆或圆的一部分时，一般采用极坐标计算较为方便.**

习题 10.2

1. 计算下列二次积分.

(1) $\int_0^1 \mathrm{d}x\int_x^1 \mathrm{e}^{-y^2}\,\mathrm{d}y$；

(2) $\int_0^{2\pi}\mathrm{d}\theta\int_0^a r^2\sin^2\theta\mathrm{d}r$.

2. 计算以下二重积分：

(1) $\iint\limits_D xy\mathrm{d}\sigma$，其中 D 是由 $y=x^2$ 及 $y=\sqrt{x}$ 所围成的区域；

(2) $\iint\limits_D \frac{x^2}{y+1}\mathrm{d}\sigma$，其中 D：$-1\leqslant x\leqslant 3$，$0\leqslant y\leqslant 2$.

3. 计算二重积分 $\iint\limits_D \sin\sqrt{x^2+y^2}\,\mathrm{d}x\mathrm{d}y$，其中 D 是由圆周 $x=\sqrt{a^2-y^2}$ （$a>0$）和 $x=0$ 所围成的区域.

4. 变换二次积分的次序 $\int_0^1\mathrm{d}x\int_0^{\sqrt{x}}f(x,\ y)\,\mathrm{d}y$.

10.3　对弧长的曲线积分

10.3.1　引例——求非均匀曲线形构件的质量

设一曲线形构件位于 xOy 面内的一段曲线弧 L 上，已知曲线形构件在点 (x, y) 处的线密度为 $\mu(x, y)$，求曲线形构件的质量.

(1) 分割　在 L 上用点 M_1，M_2，…，M_{n-1} 把 L 分成 n 小段 Δs_1，Δs_2，…，Δs_n（Δs_i 也表示弧长）.

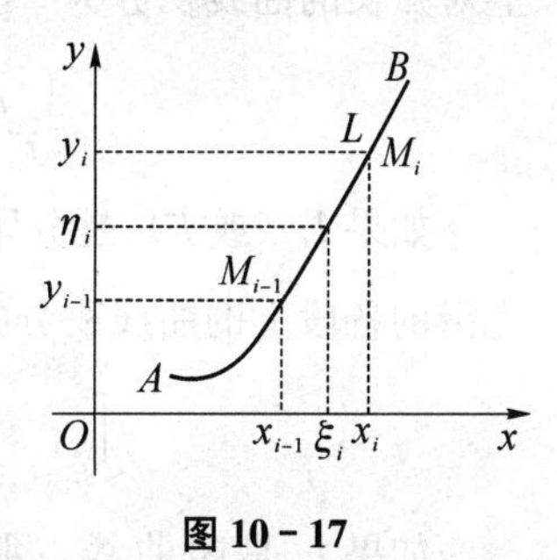

图 10-17

(2) 取近似　在线密度连续变化的条件下，因为每个小弧段很短，可以用小弧段上任意一点处的线密度近似代替其他各点处的线密度，于是任取 $(\xi_i, \eta_i)\in\Delta s_i$，如图 10-17 所示，得第 i 小段质量的近似值为 $\mu(\xi_i, \eta_i)\Delta s_i$.

(3) 作和　整个曲线形构件的质量近似值为

$$M\approx\sum_{i=1}^{n}\mu(\xi_i, \eta_i)\Delta s_i$$

(4) 取极限　令 $\lambda=\max\{\Delta s_1, \Delta s_2, \cdots, \Delta s_n\}\to 0$，则整个构件的质量的精确值为

$$M=\lim_{\lambda\to 0}\sum_{i=1}^{n}\mu(\xi_i, \eta_i)\Delta s_i$$

这种和的极限在研究其他问题时也会遇到，为此引入对弧长的曲线积分的概念.

10.3.2　对弧长的曲线积分的概念

定义 10.2　设 L 为 xOy 面内的一条光滑曲线弧，函数 $f(x, y)$ 在 L 上有界.在 L 上任意插入一点列 M_1，M_2，…，M_{n-1} 把 L 分为 n 个小段. 设第 i 个小段的长度为 Δs_i，又点 (ξ_i, η_i) 为第 i 个小段上任意取定的一点，作乘积 $f(\xi_i, \eta_i)\Delta s_i$ $(i=1, 2, \cdots, n)$，并作和 $\sum\limits_{i=1}^{n}f(\xi_i, \eta_i)\Delta s_i$，如果当各小段的长度的最大值 λ 趋于 0 时这和的极限总存在，则称此极限为函数 $f(x, y)$ 在曲线弧 L 上**对弧长的曲线积分**或**第一类曲线积分**，记作 $\int_L f(x, y)\,\mathrm{d}s$，即

$$\int_L f(x, y)\,\mathrm{d}s=\lim_{\lambda\to 0}\sum_{i=1}^{n}f(\xi_i, \eta_i)\Delta s_i$$

其中 $f(x, y)$ 叫作**被积函数**，L 叫作**积分弧段**.

我们指出，当 $f(x, y)$ 在光滑曲线弧 L 上连续时，对弧长的曲线积分 $\int_L f(x,y)\mathrm{d}s$ 是存在的.以后总假定 $f(x, y)$ 在 L 上是连续的.

根据对弧长的曲线积分的定义，曲线形构件的质量就是曲线积分 $\int_L \mu(x, y)\mathrm{d}s$ 的值，其中 $\mu(x, y)$ 为线密度.

上述定义可以推广到空间曲线弧 Γ 上的情形，即三元函数 $f(x, y, z)$ 在曲线弧 Γ 上对弧长的曲线积分为

$$\int_\Gamma f(x, y, z)\mathrm{d}s = \lim_{\lambda\to 0}\sum_{i=1}^{n} f(\xi_i, \eta_i, \zeta_i)\Delta s_i$$

如果 L（或 Γ）是分段光滑的，则规定函数在 L（或 Γ）上的曲线积分等于函数在光滑的各段上的曲线积分的和.例如，设 L 可分成两段光滑曲线弧 L_1 及 L_2，则规定

$$\int_{L_1+L_2} f(x,y)\mathrm{d}s = \int_{L_1} f(x,y)\mathrm{d}s + \int_{L_2} f(x,y)\mathrm{d}s$$

如果 L 是闭曲线，那么函数 $f(x, y)$ 在闭曲线 L 上对弧长的曲线积分记作 $\oint_L f(x,y)\mathrm{d}s$.

10.3.3 对弧长的曲线积分的性质

性质 10.1 设 c_1、c_2 为常数，则

$$\int_L [c_1 f(x,y) + c_2 g(x,y)]\mathrm{d}s = c_1\int_L f(x,y)\mathrm{d}s + c_2\int_L g(x,y)\mathrm{d}s$$

性质 10.2 若积分弧段 L 可分成两段光滑曲线弧 L_1 和 L_2，则

$$\int_L f(x,y)\mathrm{d}s = \int_{L_1} f(x,y)\mathrm{d}s + \int_{L_2} f(x,y)\mathrm{d}s$$

性质 10.3 设在 L 上 $f(x, y) \leqslant g(x, y)$，则

$$\int_L f(x,y)\mathrm{d}s \leqslant \int_L g(x,y)\mathrm{d}s$$

特别地，有

$$\left|\int_L f(x,y)\mathrm{d}s\right| \leqslant \int_L \left|f(x,y)\right|\mathrm{d}s$$

10.3.4 对弧长的曲线积分的计算

定理 10.1 设 $f(x, y)$ 在曲线弧 L 上有定义且连续，L 的参数方程为

$$x=\varphi(t),\ y=\psi(t)\ (\alpha\leqslant t\leqslant\beta)$$

其中 $\varphi(t)$，$\psi(t)$ 在 $[\alpha,\ \beta]$ 上具有一阶连续导数，且 $\varphi'^2(t)+\psi'^2(t)\neq0$，则曲线积分 $\int_L f(x,\ y)\,\mathrm{d}s$ 存在,且

$$\int_L f(x,y)\mathrm{d}s=\int_\alpha^\beta f[\varphi(t),\psi(t)]\sqrt{\varphi'^2(t)+\psi'^2(t)}\,\mathrm{d}t(\alpha<\beta)$$

注意：定积分的下限 α 一定要小于上限 β .

在计算对弧长的曲线积分 $\int_L f(x,\ y)\,\mathrm{d}s$ 时，只要把 x，y，$\mathrm{d}s$ 依次换为 $\varphi(t)$，$\psi(t)$，$\sqrt{\varphi'^2(t)+\psi'^2(t)}\,\mathrm{d}t$，然后从 α 到 β 作定积分就行了.

如果曲线 L 的方程为 $y=\psi(x)$（$a\leqslant x\leqslant b$），那么可以把这种情形看作是特殊的参数方程 $x=x$，$y=\psi(x)$，则有

$$\int_L f(x,y)\,\mathrm{d}s=\int_a^b f[x,\psi(x)]\sqrt{1+\psi'^2(x)}\,\mathrm{d}x$$

类似地，如果曲线 L 的方程为 $x=\varphi(y)$（$c\leqslant y\leqslant d$），则有

$$\int_L f(x,y)\mathrm{d}s=\int_c^d f[\varphi(y),y]\sqrt{\varphi'^2(y)+1}\,\mathrm{d}y$$

公式可推广到空间曲线弧 Γ 由参数方程为 $\begin{cases}x=\varphi(t)\\ y=\psi(t)(\alpha\leqslant t\leqslant\beta)\\ z=\omega(t)\end{cases}$ 给出的情形，则有

$$\int_\Gamma f(x,\ y,\ z)\,\mathrm{d}s=\int_\alpha^\beta f[\varphi(t),\ \psi(t),\ \omega(t)]\sqrt{\varphi'^2(t)+\psi'^2(t)+\omega'^2(t)}\,\mathrm{d}t$$

例 1　求 $\int_L(x+y)\mathrm{d}s$：(1) L 是 x 轴上原点与点 $A(2,\ 0)$ 之间的一段；(2) L 是直线 $x=2$ 上点 $A(2,\ 0)$ 与 $B(2,\ 3)$ 之间的一段.

解　(1) 在 OA 上，参数方程为 $\begin{cases}x=x\\ y=0\end{cases}$ $(0\leqslant x\leqslant2)$，$\mathrm{d}s=\mathrm{d}x$，因此

$$\int_L(x+y)\mathrm{d}s=\int_0^2(x+0)\mathrm{d}x=\int_0^2 x\mathrm{d}x=2$$

(2) 在 AB 上，参数方程为 $\begin{cases}x=2\\ y=y\end{cases}$ $(0\leqslant y\leqslant3)$，$\mathrm{d}s=\mathrm{d}y$，因此

$$\int_L(x+y)\mathrm{d}s=\int_0^3(2+y)\mathrm{d}y=\frac{21}{2}$$

例 2　求 $\int_L y\mathrm{d}s$，其中 L 是抛物线 $y^2=4x$ 上介于点 $O(0,\ 0)$ 与 $B(1,\ 2)$ 之间的一

段弧，如图 10－18 所示.

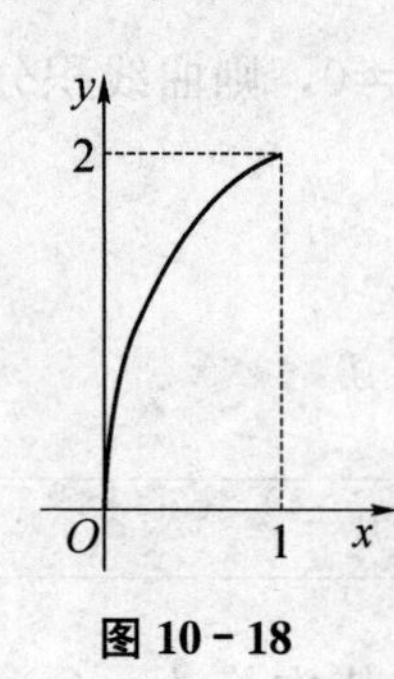

图 10－18

解法一 取 x 为参数，则抛物线 L 的参数方程可表示为

$$\begin{cases} x = x \\ y = 2\sqrt{x} \end{cases} (0 \leqslant x \leqslant 1)$$

此时 $ds = \sqrt{1+y'^2(x)}\,dx = \sqrt{1+\left(\frac{1}{\sqrt{x}}\right)^2}\,dx = \sqrt{\frac{x+1}{x}}\,dx$

因此

$$\int_L y\,ds = \int_0^1 2\sqrt{x} \cdot \sqrt{\frac{x+1}{x}}\,dx = 2\int_0^1 (x+1)^{\frac{1}{2}}\,d(x+1)$$

$$= \left(\frac{4}{3}(x+1)^{\frac{3}{2}}\right)\Big|_0^1 = \frac{4}{3}\ (2\sqrt{2}-1)$$

解法二 取 y 为参数，则抛物线 L 的参数方程可表示为$\begin{cases} x=\frac{1}{4}y^2 \\ y=y \end{cases}$ $(0\leqslant y\leqslant 2)$

此时 $ds = \sqrt{1+x'^2(y)}\,dy = \sqrt{1+\left(\frac{y}{2}\right)^2}\,dy = \frac{1}{2}\sqrt{4+y^2}\,dy$，因此

$$\int_L y\,ds = \int_0^2 y \cdot \frac{\sqrt{4+y^2}}{2}\,dy = \frac{1}{4}\int_0^2 \sqrt{4+y^2}\,d(4+y^2)$$

$$= \frac{1}{6}\left[(4+y^2)^{\frac{3}{2}}\right]\Big|_0^2 = \frac{4}{3}(2\sqrt{2}-1)$$

例 3 计算$\int_\Gamma (x^2+y^2+z^2)\,ds$，其中 Γ 为螺旋线 $x=\cos t$，$y=\sin t$，$z=t$ 上相应于 t 从 0 到 2π 的一段弧.

解 在曲线 Γ 上有 $x^2+y^2+z^2=(\cos t)^2+(\sin t)^2+t^2=1+t^2$，并且

$$ds = \sqrt{(-\sin t)^2+(\cos t)^2+1}\,dt = \sqrt{2}\,dt$$

于是 $$\int_\Gamma (x^2+y^2+z^2)\,ds = \int_0^{2\pi}(1+t^2)\sqrt{2}\,dt = \frac{2\sqrt{2}}{3}\pi(3+4\pi^2)$$

习题 10.3

1. 求$\int_L x\,ds$，其中 L 是抛物线 $y=2x^2-1$ 上介于 $x=0$ 与 $x=1$ 之间的一段弧.

2. 求$\int_L y\,ds$，其中 L 为半圆 $x^2+y^2=a^2, x\leqslant 0$ 的一段弧.

3. 求$\int_L (x+y)\,ds$，其中 L 是连接(1,0) 及(0,1) 两点的直线段.

4. 求$\int_L x^2yz\mathrm{d}s$，L 是折线 $ABCD$，这里 A，B，C，D 依次为(0,0,0)，(0,0,2)，(1,0,2)，(1,3,2).

10.4　对坐标的曲线积分

10.4.1　引例——求变力沿曲线所做的功

设一个质点在 xOy 面内在变力 $\boldsymbol{F}(x, y)=P(x, y)\boldsymbol{i}+Q(x, y)\boldsymbol{j}$ 的作用下从点 A 沿光滑曲线弧 L 移动到点 B，试求变力 $\boldsymbol{F}(x, y)$ 所做的功.

(1) 分割　把 L 分成 n 个小弧段 L_1，L_2，…，L_n.

(2) 取近似　如图 10－19 所示，在第 i 个小弧段上由于有向小弧段 L_i 光滑而且很短，可以用有向线段

$$\Delta \boldsymbol{s}_i = \overrightarrow{M_{i-1}M_i} = (\Delta x_i)\boldsymbol{i} + (\Delta y_i)\boldsymbol{j}$$

近似，变力沿小弧段所做的功，近似等于在任意一点处的常力沿有向线段 $\overrightarrow{M_{i-1}M_i}$ 所做的功，于是任取 $(\xi_i, \eta_i)\in L_i$，变力在 L_i 上所做的功近似为

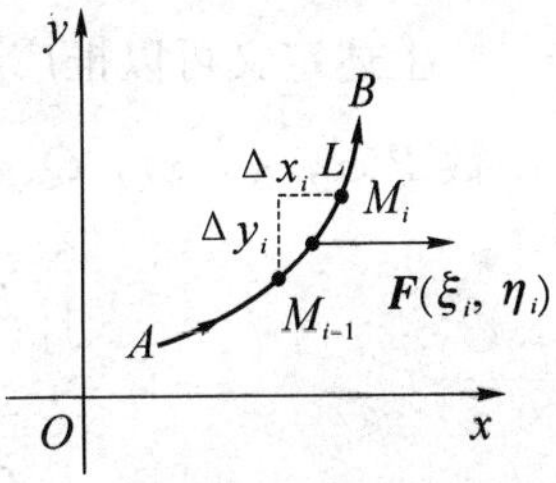

图 10－19

$$\boldsymbol{F}(\xi_i,\eta_i)\cdot\Delta\boldsymbol{s}_i=P(\xi_i,\eta_i)\Delta x_i+Q(\xi_i,\eta_i)\Delta y_i$$

(3) 作和　变力在 L 上所做的功近似值为

$$W\approx\sum_{i=1}^{n}\left[P(\xi_i,\eta_i)\Delta x_i+Q(\xi_i,\eta_i)\Delta y_i\right]$$

(4) 取极限　变力在 L 上所做的功的精确值为

$$W=\lim_{\lambda\to 0}\sum_{i=1}^{n}\left[P(\xi_i,\eta_i)\Delta x_i+Q(\xi_i,\eta_i)\Delta y_i\right]$$

其中 λ 是各小弧段长度的最大值.

为此，我们引入下述概念.

10.4.2　对坐标的曲线积分的定义

定义 10.3　设函数 $P(x, y)$，$Q(x, y)$ 在有向光滑曲线 L 上有界.把 L 分成 n 个有向小弧段 L_1，L_2，…，L_n；小弧段 L_i 的起点为 (x_{i-1}, y_{i-1})，终点为 (x_i, y_i)，$\Delta x_i=x_i-x_{i-1}$，$\Delta y_i=y_i-y_{i-1}$，(ξ_i, η_i) 为 L_i 上任意一点，λ 为各小弧段长度中的最大值.如果极限 $\lim\limits_{\lambda\to 0}\sum\limits_{i=1}^{n}P(\xi_i, \eta_i)\Delta x_i$ 总存在，则称此极限为函数 $P(x, y)$ 在有向光滑曲线 L 上**对坐标 x 的曲线积分**，记作$\int_L P(x, y)\mathrm{d}x$，即

$$\int_L P(x, y)\,\mathrm{d}x = \lim_{\lambda \to 0} \sum_{i=1}^{n} P(\xi_i, \eta_i)\,\Delta x_i$$

如果极限 $\lim\limits_{\lambda \to 0} \sum\limits_{i=1}^{n} Q(\xi_i, \eta_i)\,\Delta y_i$ 总存在，则称此极限为函数 $Q(x, y)$ 在有向光滑曲线 L 上对坐标 y 的曲线积分，记作 $\int_L Q(x, y)\,\mathrm{d}y$，即

$$\int_L Q(x, y)\,\mathrm{d}y = \lim_{\lambda \to 0} \sum_{i=1}^{n} Q(\xi_i, \eta_i)\,\Delta y_i$$

其中 $P(x, y)$，$Q(x, y)$ 叫作**被积函数**，L 叫作**积分弧段**.

对坐标的曲线积分也叫**第二类曲线积分**.

上述定义可以推广到空间曲线弧 Γ 上的情形．设 Γ 为空间内一条光滑有向曲线弧，函数 $P(x, y, z)$，$Q(x, y, z)$，$R(x, y, z)$ 在 Γ 上有定义.我们定义

$$\int_\Gamma P(x, y, z)\,\mathrm{d}x = \lim_{\lambda \to 0} \sum_{i=1}^{n} P(\xi_i, \eta_i, \zeta_i)\,\Delta x_i$$

$$\int_\Gamma Q(x, y, z)\,\mathrm{d}y = \lim_{\lambda \to 0} \sum_{i=1}^{n} Q(\xi_i, \eta_i, \zeta_i)\,\Delta y_i$$

$$\int_\Gamma R(x, y, z)\,\mathrm{d}z = \lim_{\lambda \to 0} \sum_{i=1}^{n} R(\xi_i, \eta_i, \zeta_i)\,\Delta z_i$$

在应用上经常出现的是

$$\int_L P(x, y)\,\mathrm{d}x + \int_L Q(x, y)\,\mathrm{d}y$$

常记为

$$\int_L P(x, y)\,\mathrm{d}x + Q(x, y)\,\mathrm{d}y$$

类似地，把

$$\int_\Gamma P(x, y, z)\,\mathrm{d}x + \int_\Gamma Q(x, y, z)\,\mathrm{d}y + \int_\Gamma R(x, y, z)\,\mathrm{d}z$$

简写成

$$\int_\Gamma P(x, y, z)\,\mathrm{d}x + Q(x, y, z)\,\mathrm{d}y + R(x, y, z)\,\mathrm{d}z$$

于是变力所做的功可以表示为

$$W = \int_L P(x, y)\,\mathrm{d}x + Q(x, y)\,\mathrm{d}y$$

如果 L（或 Γ）是分段光滑的，规定函数在有向曲线弧 L（或 Γ）上对坐标的曲线积分等于在光滑的各段上对坐标的曲线积分之和.

10.4.3　对坐标的曲线积分的性质

性质 10.4　设α，β为常数，则

$$\int_L[\alpha f(x,y)+\beta g(x,y)]\mathrm{d}x=\alpha\int_L f(x,y)\,\mathrm{d}x+\beta\int_L g(x,y)\,\mathrm{d}x$$

性质 10.5　若有向曲线弧L可分成两段光滑的有向曲线弧L_1和L_2，则

$$\int_L P(x,y)\,\mathrm{d}x=\int_{L_1}P(x,y)\,\mathrm{d}x+\int_{L_2}P(x,y)\,\mathrm{d}x$$

性质 10.6　设L是有向光滑曲线弧，$-L$是与L方向相反的有向曲线弧，则

$$\int_{-L}P(x,y)\,\mathrm{d}x+Q(x,y)\,\mathrm{d}y=-\int_L P(x,y)\,\mathrm{d}x+Q(x,y)\,\mathrm{d}y$$

以上性质对关于坐标y的曲线积分同样成立.

10.4.4　对坐标的曲线积分的计算

定理 10.2　设$P(x,y)$，$Q(x,y)$在有向曲线弧L上有定义且连续，L的参数方程为

$$x=\varphi(t),y=\psi(t)$$

当参数t单调地由α变到β时，点$M(x,y)$从L的起点A沿L运动到终点B，$\varphi(t)$，$\psi(t)$在以α及β为端点的闭区间上具有一阶连续导数，且$\varphi'^2(t)+\psi'^2(t)\neq 0$，则曲线积分$\int_L P(x,y)\,\mathrm{d}x+Q(x,y)\mathrm{d}y$存在，且

$$\int_L P(x,y)\,\mathrm{d}x+Q(x,y)\,\mathrm{d}y=\int_\alpha^\beta\{P[\varphi(t),\psi(t)]\varphi'(t)+Q[\varphi(t),\psi(t)]\psi'(t)\}\mathrm{d}t \tag{10-9}$$

注意：下限α对应于L的起点，上限β对应于L的终点，α不一定小于β.

式（10-9）表明，计算对坐标的曲线积分$\int_L P(x,y)\,\mathrm{d}x+Q(x,y)\,\mathrm{d}y$时，只要把$x$，$y$，$\mathrm{d}x$，$\mathrm{d}y$依次换为$\varphi(t)$，$\psi(t)$，$\varphi'(t)\,\mathrm{d}t$，$\psi'(t)\,\mathrm{d}t$，然后从$L$的起点所对应的参数值$\alpha$到$L$的终点所对应的参数值$\beta$作定积分就行了.

若空间曲线Γ由参数方程$x=\varphi(t)$，$y=\psi(t)$，$z=\omega(t)$给出，那么曲线积分

$$\int_\Gamma P(x,y,z)\mathrm{d}x+Q(x,y,z)\mathrm{d}y+R(x,y,z)\mathrm{d}z$$

$$=\int_\alpha^\beta\{P[\varphi(t),\psi(t),\omega(t)]\varphi'(t)+Q[\varphi(t),\psi(t),\omega(t)]\psi'(t)+R[\varphi(t),\psi(t),\omega(t)]\omega'(t)\}\mathrm{d}t$$

其中α对应于Γ的起点，β对应于Γ的终点.

例 1 求$\int_L xy\mathrm{d}x$，其中L是椭圆$\dfrac{x^2}{a^2}+\dfrac{y^2}{b^2}=1$从点$A$（$a$，0）到点$B$（$-a$，0）在$x$轴上方的曲线弧.

解 椭圆的参数方程为$\begin{cases}x=a\cos t\\y=b\sin t\end{cases}$，（$t$从0变到$\pi$），因此

$$\int_L xy\mathrm{d}x=\int_0^{\pi}(a\cos t)(b\sin t)(-a\sin t)\mathrm{d}t$$

$$=-a^2b\int_0^{\pi}\sin^2 t\mathrm{d}(\sin t)$$

$$=-a^2b\left(\frac{1}{3}\sin^3 t\right)\Big|_0^{\pi}=0$$

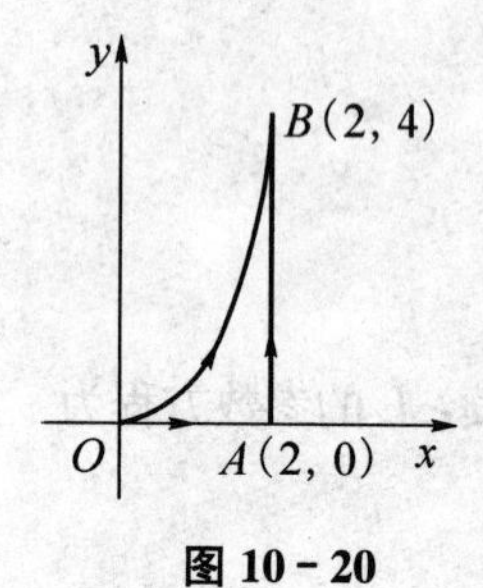

图 10-20

例 2 求$\int_L\left(2x^2-\dfrac{3}{4}y^2\right)\mathrm{d}y$，其中$L$如图10-20所示.

(1) 从原点O（0，0）沿抛物线$y=x^2$到点B（2，4）之间的一段弧；

(2) 从原点O（0，0）沿x轴到点$A(2,0)$，再沿直线$x=2$到点B（2，4）的折线段.

解 (1) 取y为参数（y从0变到4），因此

$$\int_L\left(2x^2-\frac{3}{4}y^2\right)\mathrm{d}y=\int_0^4\left(2y-\frac{3}{4}y^2\right)\mathrm{d}y=\left(y^2-\frac{y^3}{4}\right)\Big|_0^4=16-16=0$$

(2) $$\int_L\left(2x^2-\frac{3}{4}y^2\right)\mathrm{d}y=\int_{OA}\left(2x^2-\frac{3}{4}y^2\right)\mathrm{d}y+\int_{AB}\left(2x^2-\frac{3}{4}y^2\right)\mathrm{d}y$$

$$=0+\int_0^4\left(8-\frac{3}{4}y^2\right)\mathrm{d}y=\left(8y-\frac{1}{4}y^3\right)\Big|_0^4$$

$$=16$$

由例2可以看出，虽然两个曲线积分的被积函数相同，起点和终点也相同，但此处沿不同路径积分的结果却不相等.

例 3 求$\int_L 2\sqrt{1+y^2}\,\mathrm{d}x+\dfrac{2xy}{\sqrt{1+y^2}}\mathrm{d}y$，其中$L$如图10-21所示.

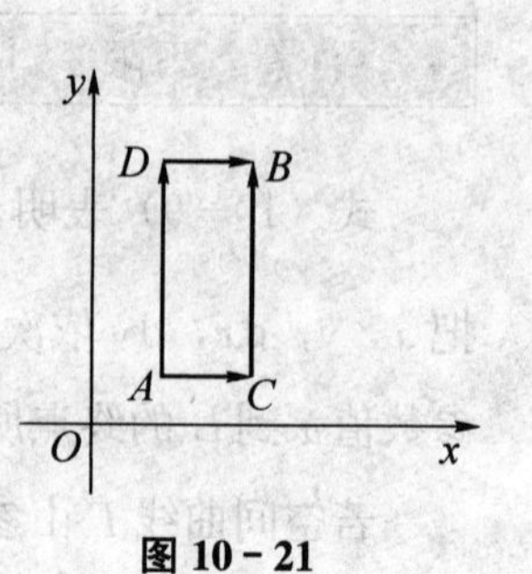

图 10-21

(1) 从$A(1,1)$经$C(2,1)$到$B(2,4)$的折线段；

(2) 从$A(1,1)$经$D(1,4)$到$B(2,4)$的折线段.

解 (1) $\int_L 2\sqrt{1+y^2}\,\mathrm{d}x+\dfrac{2xy}{\sqrt{1+y^2}}\mathrm{d}y$

$$= \int_{AC} 2\sqrt{1+y^2}\,dx + \frac{2xy}{\sqrt{1+y^2}}dy + \int_{CB} 2\sqrt{1+y^2}\,dx + \frac{2xy}{\sqrt{1+y^2}}dy$$

$$= \int_1^2 2\sqrt{2}\,dx + 0 + 0 + \int_1^4 \frac{4y}{\sqrt{1+y^2}}dy = 2\sqrt{2} + 4\sqrt{1+y^2}\Big|_1^4$$

$$= 4\sqrt{17} - 2\sqrt{2}$$

(2) $\int_L 2\sqrt{1+y^2}\,dx + \frac{2xy}{\sqrt{1+y^2}}dy$

$$= \int_{AD} 2\sqrt{1+y^2}\,dx + \frac{2xy}{\sqrt{1+y^2}}dy + \int_{DB} 2\sqrt{1+y^2}\,dx + \frac{2xy}{\sqrt{1+y^2}}dy$$

$$= 0 + \int_1^4 \frac{2y}{\sqrt{1+y^2}}dy + \int_1^2 2\sqrt{1+4^2}\,dx + 0$$

$$= 4\sqrt{17} - 2\sqrt{2}$$

由例 3 可以看出，虽然沿不同的路径积分，但曲线积分的结果可能相等.

例 4　计算$\int_\Gamma y\,dx + z\,dy + x\,dz$，其中$\Gamma$为从点$A$（2，0，0）到$B$（3，4，5）的直线段.

解　直线段AB的方程为

$$\frac{x-2}{1} = \frac{y}{4} = \frac{z}{5}$$

化为参数方程为$\begin{cases} x=t+2 \\ y=4t \\ z=5t \end{cases}$，$t$从 0 变到 1，则

$$\int_\Gamma y\,dx + z\,dy + x\,dz = \int_0^1 [4t + 5t\cdot 4 + (t+2)\cdot 5]dt = \int_0^1 (29t+10)dt = \frac{49}{2}$$

例 5　求质点M（x，y）受作用力$\boldsymbol{F}=(y+3x)\,\boldsymbol{i}+(2y-x)\,\boldsymbol{j}$从点$A$（1，1）沿直线移动到点$B$（2，3）所做的功.

解　直线AB的方程为$y=2x-1$，x从 1 变到 2，则

$$W = \int_{AB} (y+3x)dx + (2y-x)dy = \int_1^2 [(2x-1+3x) + 2(4x-2-x)]dx$$

$$= \int_1^2 (11x-5)dx = \frac{23}{2}$$

习题 10.4

1. 求$\int_L xy\,dx$，其中L是抛物线$y^2=x$上从点$A(1,-1)$到点$B(1,1)$一段弧.

2. 求$\int_L (x^2-y^2)\mathrm{d}x$,其中$L$为抛物线$y=x^2$上从点$O(0,0)$到点$B(2,4)$一段弧.

3. 求$\int_L y\mathrm{d}x+x\mathrm{d}y$,其中$L$为：

(1) $x^2+y^2=a^2$，$x\geqslant0$，$y\geqslant0$按逆时针方向移动的一段弧；

(2) 从点A（a，0）沿x轴到点B（$-a$，0）的直线段.

4. 求$\int_L xy\mathrm{d}x+(y-x)\mathrm{d}y$,其中$L$为：

(1) 直线$y=2x$上从点O（0，0）到点B（1，2）的直线段；

(2) 抛物线$y=2x^2$上从点O（0，0）到点B（1，2）的一段弧；

(3) 有向折线OAB，而点O，A，B依次为(0，0)，(0，2)，(1，2).

5. 计算$\int_\Gamma x\mathrm{d}x+y\mathrm{d}y+(x+y-1)\mathrm{d}z$,其中$\Gamma$为从点$A(1,1,1)$到$B(2,3,4)$的直线段.

6. 设有一个质点，在力$\boldsymbol{F}=2xy\,\boldsymbol{i}+x^2\boldsymbol{j}$的作用下运动，求下述情况下力所做的功：

(1) 质点沿抛物线$y=x^2$从点（0，0）移动到点（1，1）处；

(2) 质点沿直线从点（0，0）移动到点（1，0）再沿直线移动到点（1，1）处.

10.5 格林公式及其应用

10.5.1 格林公式

先介绍一些与平面区域有关的概念.

1. 单连通域、复连通域及其正向边界

定义 10.4 设D为平面区域，如果D内任一闭曲线所围的部分都属于D，则称D为平面**单连通域**，否则称为**复连通域**．换句话说，平面单连通域就是不含有“空洞”（包括点“空洞”）的区域，复连通域就是含有“空洞”（包括点“空洞”）的区域．例如，平面上的圆形区域$\{(x,y)\mid x^2+y^2<1\}$、右半平面$\{(x,y)\mid x>0\}$都是单连通域；去心邻域$\{(x,y)\mid 0<x^2+y^2<1\}$、环形域$\{(x,y)\mid 1<x^2+y^2<2\}$都是复连通域.

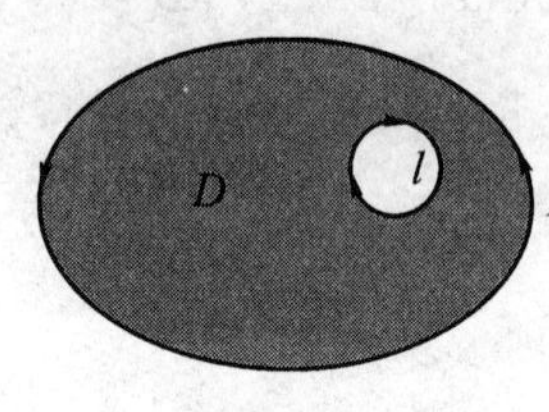

图 10－22

对平面区域D的边界曲线L，我们规定L的正向如下：

当观察者沿这个方向行走时，D内在他邻近的部分总在他的左边.

例如，如图 10－22 所示，D是边界曲线为L及l所围成的复连通域，作为D的正向边界，外边界L的正向是逆时针方向，而内边界 l 的正向是顺时针方向.

2. 格林公式

定理 10.3　设闭区域 D 由分段光滑的曲线 L 围成，函数 $P(x,\ y)$ 及 $Q(x,\ y)$ 在 D 上具有一阶连续偏导数，则有

$$\iint_D\left(\frac{\partial Q}{\partial x}-\frac{\partial P}{\partial y}\right)\mathrm{d}x\mathrm{d}y=\oint_L P\mathrm{d}x+Q\mathrm{d}y \tag{10-9}$$

其中 L 是 D 的取正向的边界曲线.

证明　这里仅就 D 既是 X 型区域又是 Y 型区域的情形给出证明.

如图 10－23 所示，D 是 X 型区域，则可以表示为

$$D=\{(x,\ y)\,|\,\varphi_1(x)\leqslant y\leqslant\varphi_2(x),\ a\leqslant x\leqslant b\}$$

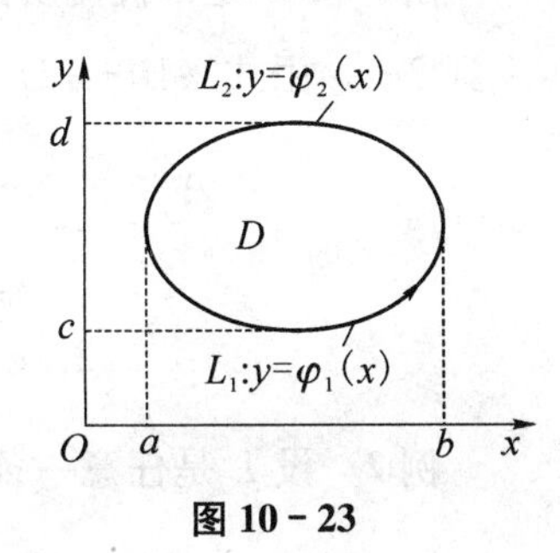

图 10－23

因为 $\dfrac{\partial P}{\partial y}$ 连续，所以由二重积分的计算法有

$$\iint_D\frac{\partial P}{\partial y}\mathrm{d}x\mathrm{d}y=\int_a^b\left\{\int_{\varphi_1(x)}^{\varphi_2(x)}\frac{\partial P}{\partial y}\mathrm{d}y\right\}\mathrm{d}x$$

$$=\int_a^b\{P[x,\ \varphi_2(x)]-P[x,\ \varphi_1(x)]\}\,\mathrm{d}x$$

另外，由对坐标的曲线积分的性质及计算法有

$$\oint_L P\mathrm{d}x=\int_{L_1}P\mathrm{d}x+\int_{L_2}P\mathrm{d}x=\int_a^b P[x,\varphi_1(x)]\mathrm{d}x+\int_b^a P[x,\varphi_2(x)]\mathrm{d}x$$

$$=\int_a^b\{P[x,\varphi_1(x)]-P[x,\varphi_2(x)]\}\mathrm{d}x$$

因此

$$-\iint_D\frac{\partial P}{\partial y}\mathrm{d}x\mathrm{d}y=\oint_L P\mathrm{d}x \tag{10-10}$$

D 又是 Y 型区域，则 $D=\{(x,y)\,|\,\psi_1(y)\leqslant x\leqslant\psi_2(y),\ c\leqslant y\leqslant d\}$.类似地可证

$$\iint_D\frac{\partial Q}{\partial x}\mathrm{d}x\mathrm{d}y=\oint_L Q\mathrm{d}y \tag{10-11}$$

由于 D 既是 X 型区域又是 Y 型区域，所以式（10－10）和式（10－11）同时成立，两式合并即得

$$\iint_D\left(\frac{\partial Q}{\partial x}-\frac{\partial P}{\partial y}\right)\mathrm{d}x\mathrm{d}y=\oint_L P\mathrm{d}x+Q\mathrm{d}y$$

> 注意：格林公式不仅对单连通域成立，而且对复连通域也成立．对复连通域 D，格林公式右端曲线积分的积分弧段应包括 D 的全部边界，且边界的方向对区域 D 来说都是正向.

3. 格林公式应用举例

设区域 D 的边界曲线为 L，取 $P=-y$，$Q=x$，则由格林公式得

$$2\iint_D \mathrm{d}x\mathrm{d}y=\oint_L x\mathrm{d}y-y\mathrm{d}x$$

或
$$A=\iint_D \mathrm{d}x\mathrm{d}y=\frac{1}{2}\oint_L x\mathrm{d}y-y\mathrm{d}x \tag{10-12}$$

式(10－12) 常用于求图形的面积.

例 1 求椭圆$\frac{x^2}{a^2}+\frac{y^2}{b^2}=1$ 所围成图形的面积 A.

解 设 D 是由椭圆所围成的区域，椭圆的参数方程为：$x=a\cos\theta$，$y=b\sin\theta$(θ 从 0 变到 2π)，由式（10－12）得

$$\begin{aligned}A&=\frac{1}{2}\oint_L x\mathrm{d}y-y\mathrm{d}x\\&=\frac{1}{2}\int_0^{2\pi}(ab\sin^2\theta+ab\cos^2\theta)\mathrm{d}\theta=\frac{1}{2}ab\int_0^{2\pi}\mathrm{d}\theta=\pi ab\end{aligned}$$

例 2 设 L 是任意一条分段光滑的闭曲线，证明：$\oint_L 2xy\mathrm{d}x+x^2\mathrm{d}y=0$.

证明 因 $P=2xy$，$Q=x^2$，则 $\frac{\partial Q}{\partial x}-\frac{\partial P}{\partial y}=2x-2x=0$.

记 D 为闭曲线 L 所围成的区域，由格林公式有

$$\oint_L 2xy\mathrm{d}x+x^2\mathrm{d}y=\pm\iint_D 0\mathrm{d}x\mathrm{d}y=0$$

例 3 计算$\oint_L \frac{x\mathrm{d}y-y\mathrm{d}x}{x^2+y^2}$，其中 L 为一条无重点、分段光滑且不经过原点的连续闭曲线，L 的方向为逆时针方向.

解 因 $P=\frac{-y}{x^2+y^2}$，$Q=\frac{x}{x^2+y^2}$

则当 $x^2+y^2\neq 0$ 时，有$\frac{\partial Q}{\partial x}=\frac{y^2-x^2}{(x^2+y^2)^2}=\frac{\partial P}{\partial y}$.

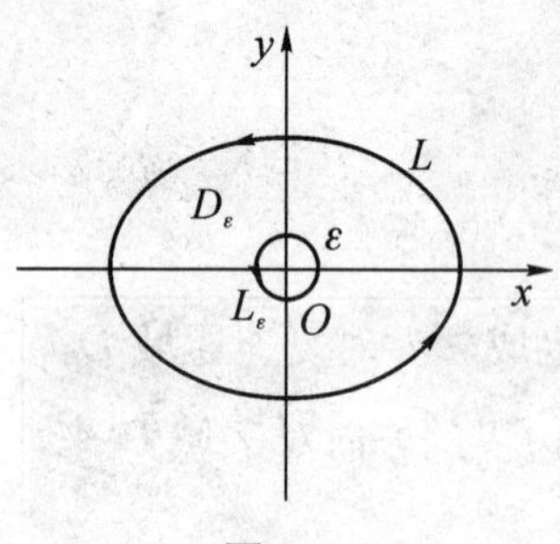

图 10－24

记 L 所围成的闭区域为 D .当（0，0）$\notin D$ 时，由格林公式得

$$\oint_L \frac{x\mathrm{d}y-y\mathrm{d}x}{x^2+y^2}=0$$

当（0，0）$\in D$ 时，在 D 内取一个半径为 ε 的小圆周 L_ε：$x^2+y^2=\varepsilon^2$（$\varepsilon>0$），记 L 与 L_ε 所围成的复连通域为 D_ε，如图 10－24所示，对区域 D_ε 应用格林公式得

$$\oint_{L}\frac{x\mathrm{d}y-y\mathrm{d}x}{x^2+y^2}-\oint_{L_\varepsilon}\frac{x\mathrm{d}y-y\mathrm{d}x}{x^2+y^2}=0$$

其中 L_ε 的方向取逆时针方向.

于是有 $\oint_{L}\frac{x\mathrm{d}y-y\mathrm{d}x}{x^2+y^2}=\oint_{L_\varepsilon}\frac{x\mathrm{d}y-y\mathrm{d}x}{x^2+y^2}=\int_0^{2\pi}\frac{\varepsilon^2\cos^2\theta+\varepsilon^2\sin^2\theta}{\varepsilon^2}\mathrm{d}\theta=2\pi$.

10.5.2　平面上曲线积分与路径无关的条件

定义 10.4　设 G 是一个开区域，$P(x, y)$，$Q(x, y)$ 在区域 G 内具有一阶连续偏导数.如果对于 G 内任意指定的两个点 A，B 及 G 内从点 A 到点 B 的任意两条曲线 L_1，L_2，等式

$$\int_{L_1}P\mathrm{d}x+Q\mathrm{d}y=\int_{L_2}P\mathrm{d}x+Q\mathrm{d}y$$

恒成立，就称曲线积分 $\int_L P\mathrm{d}x+Q\mathrm{d}y$ **在 G 内与路径无关**，否则称**与路径有关**.

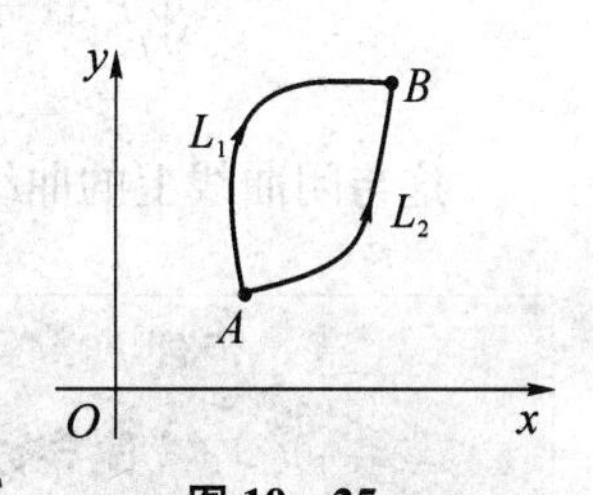

图 10-25

设曲线积分 $\int_L P\mathrm{d}x+Q\mathrm{d}y$ 在 G 内与路径无关，L_1 和 L_2 是 G 内任意两条从点 A 到点 B 的曲线，则有

$$\int_{L_1}P\mathrm{d}x+Q\mathrm{d}y=\int_{L_2}P\mathrm{d}x+Q\mathrm{d}y$$

因为

$$\int_{L_1}P\mathrm{d}x+Q\mathrm{d}y=\int_{L_2}P\mathrm{d}x+Q\mathrm{d}y\Leftrightarrow\int_{L_1}P\mathrm{d}x+Q\mathrm{d}y-\int_{L_2}P\mathrm{d}x+Q\mathrm{d}y=0$$

$$\Leftrightarrow\int_{L_1}P\mathrm{d}x+Q\mathrm{d}y+\int_{L_2^-}P\mathrm{d}x+Q\mathrm{d}y=0\Leftrightarrow\oint_{L_1+(L_2^-)}P\mathrm{d}x+Q\mathrm{d}y=0$$

所以有以下结论：曲线积分 $\int_L P\mathrm{d}x+Q\mathrm{d}y$ 在 G 内与路径无关，相当于沿 G 内任意闭曲线 C 的曲线积分等于零，即

$$\oint_C P\mathrm{d}x+Q\mathrm{d}y=0$$

定理 10.4　设 G 是一个平面单连通域，函数 $P(x, y)$ 及 $Q(x, y)$ 在 G 内具有一阶连续偏导数，则曲线积分 $\int_L P\mathrm{d}x+Q\mathrm{d}y$ 在 G 内与路径无关（或沿 G 内任意闭曲线的曲线积分为零）的充要条件是等式

$$\frac{\partial P}{\partial y}=\frac{\partial Q}{\partial x}$$

在 G 内恒成立.

证明　充分性　因$\frac{\partial P}{\partial y}=\frac{\partial Q}{\partial x}$，则$\frac{\partial Q}{\partial x}-\frac{\partial P}{\partial y}=0$，由格林公式，对任意闭曲线 L，有

$$\oint_L P\mathrm{d}x+Q\mathrm{d}y=\iint_D\left(\frac{\partial Q}{\partial x}-\frac{\partial P}{\partial y}\right)\mathrm{d}x\mathrm{d}y=0$$

必要性　假设存在一点 $M_0\in G$，使 $\frac{\partial Q}{\partial x}-\frac{\partial P}{\partial y}=\eta\neq 0$，不妨设 $\eta>0$，则由 $\frac{\partial Q}{\partial x}-\frac{\partial P}{\partial y}$ 的连续性，存在 M_0 的一个 δ 邻域 $U(M_0,\delta)$，使在此邻域内有 $\frac{\partial Q}{\partial x}-\frac{\partial P}{\partial y}\geqslant\frac{\eta}{2}$.于是沿邻域 $U(M_0,\delta)$ 边界 l 上的曲线积分

$$\oint_l P\mathrm{d}x+Q\mathrm{d}y=\iint_{U(M_0,\delta)}\left(\frac{\partial Q}{\partial x}-\frac{\partial P}{\partial y}\right)\mathrm{d}x\mathrm{d}y\geqslant\frac{\eta}{2}\cdot\pi\delta^2>0$$

这与闭曲线上的曲线积分为零相矛盾，因此在 G 内$\frac{\partial Q}{\partial x}-\frac{\partial P}{\partial y}=0$.

注意：定理 10.4 要求区域 G 是单连通域，且函数 $P(x,y)$ 及 $Q(x,y)$ 在 G 内具有一阶连续偏导数.如果这两个条件之一不能满足，那么定理 10.4 的结论不能保证成立.破坏函数 $P(x,y)$，$Q(x,y)$ 及$\frac{\partial P}{\partial y}$，$\frac{\partial Q}{\partial x}$连续性的点称为奇点.

例 4　计算$\int_L(3x^2y^2+2xy)\mathrm{d}x+(2x^3y+x^2)\mathrm{d}y$，其中 L 是圆周 $x^2+y^2=2x$ 上在第一象限从点 $A(0,0)$ 到点 $B(1,1)$ 的一段有向弧段.

解　先画出积分路线如图 10-26 所示，因

$$P(x,y)=3x^2y^2+2xy,Q(x,y)=2x^3y+x^2$$

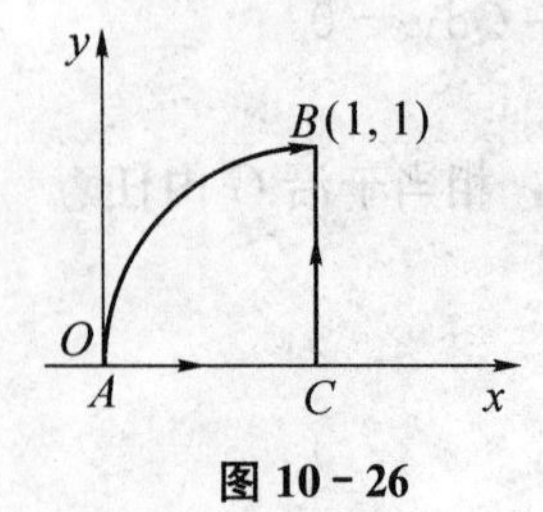

图 10-26

则有

$$\frac{\partial P}{\partial y}=6x^2y+2x=\frac{\partial Q}{\partial x}$$

可知所给曲线积分与路径无关，记 C 点的坐标为 $C(1,0)$，则有

$$\int_L=\int_{ACB}=\int_{AC}+\int_{CB}$$

在有向线段AC上，$y=0$，$\mathrm{d}y=0$，可知

$$\int_{AC}(3x^2y^2+2xy)\mathrm{d}x+(2x^3y+x^2)\mathrm{d}y=0$$

在有向线段CB上，$x=1$，$\mathrm{d}x=0$，可知

$$\int_{CB}(3x^2y^2+2xy)\mathrm{d}x+(2x^3y+x^2)\mathrm{d}y$$

$$=\int_0^1(2y+1)\mathrm{d}y=(y^2+y)\Big|_0^1=2$$

故 $$\int_L (3x^2y^2+2xy)\mathrm{d}x+(2x^3y+x^2)\mathrm{d}y=0+2=2$$

注意：本例若用对坐标的曲线积分的计算方法直接计算，就要复杂很多，而利用曲线积分与路径无关，选取平行于坐标轴的折线作为积分路径，可使计算简便.

用定理 10.4 还可推出下面的定理.

定理 10.5　设 G 是平面上的一个单连通域，函数 $P(x, y)$ 及 $Q(x, y)$ 在 G 内具有一阶连续偏导数，则 $P\mathrm{d}x+Q\mathrm{d}y$ 在 G 内为某一函数 $u(x, y)$ 的全微分的充要条件是

$$\frac{\partial P}{\partial y}=\frac{\partial Q}{\partial x}$$

在 G 内恒成立.

证明从略.

习题 10.5

1. 试就以下积分验证格林公式的正确性，并计算其积分值：

$$\oint_L (2xy-x^2)\mathrm{d}x+(x+y^2)\mathrm{d}y$$

其中 L 是抛物线 $y=x^2$ 和 $y^2=x$ 所围成的区域的正向边界.

2. 利用曲线积分计算下列曲线所围成的图形的面积.

(1) 星形线 $x=a\cos^3 t$，$y=a\sin^3 t$；

(2) 椭圆 $9x^2+16y^2=144$.

3. 利用格林公式计算下列曲线积分.

(1) $\oint_L 3xy\mathrm{d}x+x^2\mathrm{d}y$，其中 L 为矩形区域 $\{(x, y)\mid -1\leqslant x\leqslant 3, 0\leqslant y\leqslant 2\}$ 的正向边界；

(2) $\oint_L (2x-y+4)\mathrm{d}x+(5y+3x-6)\mathrm{d}y$，其中 L 为三顶点分别为 $(0, 0)$，$(3, 0)$，$(3, 2)$ 的三角形正向边界.

4. 验证：$\int_L (x+y)\mathrm{d}x+(x-y)\mathrm{d}y$ 在整个 xOy 面内与路径无关，并计算

$$\int_{(1,1)}^{(2,3)} (x+y)\mathrm{d}x+(x-y)\mathrm{d}y.$$

5. 验证：$\int_L y\cos x\mathrm{d}x+\sin x\mathrm{d}y$ 在整个 xOy 面内与路径无关，并计算

$$\int_{(0,0)}^{\left(\frac{\pi}{2},\frac{\pi}{2}\right)} y\cos x\mathrm{d}x+\sin x\mathrm{d}y.$$

下册期末考试模拟题

期末考试模拟题 1

一、单项选择题（每题 4 分，共 20 分）

1. 设函数 $z=x-y$，则全微分 $\mathrm{d}z|_{(0,0)}=$（　　）.

A. $-\mathrm{d}x-\mathrm{d}y$　　B. $\mathrm{d}x+\mathrm{d}y$　　C. $\mathrm{d}x-\mathrm{d}y$　　D. $-\mathrm{d}x+\mathrm{d}y$

2. 在空间直角坐标系中，方程 $x^2+y^2=2$ 的图形是（　　）.

A. 圆　　B. 球面　　C. 圆柱面　　D. 旋转抛物面

3. $\sum\limits_{n=1}^{\infty}(-1)^n\dfrac{x^n}{n}$ 的收敛域为（　　）.

A. $(-1,1)$　　B. $(-1,1]$　　C. $(0,1)$　　D. $(2,5)$

4. 过点 $M(2,4,-3)$ 且与平面 $2x+3y-5z=5$ 平行的平面方程为（　　）.

A. $2(x-2)+3(y-4)-5(z+3)=0$　　B. $2(x-2)+3(y-4)-5(z-3)=0$

C. $2(x-2)+3(y-4)-5(z+3)=0$　　D. $2(x-2)-3(y-4)+5(z+3)=0$

5. 特征方程为 $r^2-1=0$ 所对应的二阶齐次线性微分方程为（　　）.

A. $y''-y=0$　　B. $y''-1=0$　　C. $y''-x=0$　　D. $y''+y=0$

二、填空题（每题 4 分，共 20 分）

1. 函数 $z=\sqrt{1-x^2}+\sqrt{y^2-1}$ 的定义域是____________.

2. $\lim\limits_{\substack{x\to2\\y\to0}}\dfrac{\sin xy}{y}=$____________.

3. 设 $\boldsymbol{m}=3\boldsymbol{i}+5\boldsymbol{j}+8\boldsymbol{k}$，$\boldsymbol{n}=2\boldsymbol{i}-4\boldsymbol{j}-7\boldsymbol{k}$，则 $\boldsymbol{m}\cdot\boldsymbol{n}=$________.

4. 当 $|x|<1$ 时，幂级数 $\sum\limits_{n=0}^{\infty}x^n=$____________.

5. 设 $f_0(x,y)=k$，D：$x^2+y^2\leqslant R^2$，则 $\iint\limits_D f(x,y)\mathrm{d}x\mathrm{d}y=$________.

三、简答题（每小题 6 分，共 60 分）

1. $\boldsymbol{a}=(3,3,1)$，$\boldsymbol{b}=\left(2,-\dfrac{4}{3},k\right)$，求 k 使得 $\boldsymbol{a}\perp\boldsymbol{b}$.

2. 已知 $z=\mathrm{e}^x\sin y$，求 $\dfrac{\partial z}{\partial x},\dfrac{\partial z}{\partial y}$.

3. 求曲面 $x^2+2y^2+3z^2=21$ 在点 $P(1，2，2)$ 处的切平面方程与法线方程．

4. 计算 $\iint\limits_D (x^2+y^2)\mathrm{d}x\mathrm{d}y$，其中 D：$x^2+y^2\leqslant 1$.

5. 计算 $\oint_L (2x-y+4)\mathrm{d}x+(5y+3x-6)\mathrm{d}y$，其中 L 是圆周 $x^2+y^2=R^2$ 取逆时针方向．

6. 求微分方程 $y''-2y'-3y=0$ 的通解．

7. 判断正项级数 $\sum\limits_{n=1}^{\infty}\frac{1}{n!}$ 的敛散性．

8. 将函数 $f(x)=\frac{1}{x^2-2x-3}$ 展成 $x-1$ 的幂级数．

9. 求函数 $f(x，y)=x^3-y^3+3x^2+3y^2-9x$ 的极值．

10. 求函数 $f(x，y，z)=\ln x+\ln y+3\ln z$ 在条件 $x^2+y^2+z^2=5r^2$（$x>0$，$y>0$，$z>0$）下的极值，并证明对任何正数 a，b，c，有 $abc^3\leqslant 27\left(\frac{a+b+c}{5}\right)^5$.

期末考试模拟题 2

一、单项选择题（每题 4 分，共 20 分）

1. 两直线$\frac{x-2}{2}=\frac{y-1}{1}=\frac{z-3}{1}$和$\frac{x-4}{1}=\frac{y+3}{-1}=\frac{z+4}{-1}$的位置关系是（　　）.

A. 平行不重合　　B. 垂直　　C. 重合　　D. 不能确定

2. 点（1，1，0）到平面 $x-y+z+3=0$ 的距离为（　　）.

A. $\sqrt{3}$　　B. 1　　C. 2　　D. 3

3. $z=f(x,y)$ 在点（x，y）连续是函数在该点的可导的（　　）条件.

A. 充分非必要　　B. 必要非充分　　C. 充要　　D. 非充分非必要

4. 幂级数 $\sum_{n=1}^{\infty}\frac{(x-1)^n}{n}$ 的收敛区间是（　　）.

A. [0，2)　　B. (0，2]　　C. [-1，1]　　D. (-1，1)

5. 函数 $y=c_1e^x+c_2e^{-x}$是微分方程（　　）的通解.

A. $y''+y=0$　　B. $y''+y'=0$　　C. $y''-y=0$.　　D. $y''-y'=0$

二、填空题（每题 4 分，共 20 分）

1. 函数 $z=\sqrt{1-x^2-y^2}$ 的定义域是____________________.

2. $\lim\limits_{\substack{x\to 2\\ y\to 0}}\frac{\ln(1+xy)}{y}=$________________.

3. 设 $u=x^2+y^2+z^2$ 则$du|_{(1,1,1)}=$____________.

4. 一阶线性微分方程 $y'+P(x)y=Q(x)$ 的通解为______________.

5. 设曲线积分 $\int_L(x-ky)dx+(2x+y)dy$ 在 xOy 面内与积分路径无关，则 $k=$________.

三、简答题（每小题 6 分，共 60 分）

1. 设 $\boldsymbol{a}=(-1,-2,3)$，$\boldsymbol{b}=(-1,0,2)$，求 $\boldsymbol{a}\cdot\boldsymbol{b}$.

2. 求过点 $A(1,0,-1)$ 且垂直于直线$\frac{x}{3}=\frac{y-1}{-1}=\frac{z+1}{1}$的平面方程.

3. 求极限$\lim\limits_{\substack{x\to 0\\ y\to 0}}\frac{xy}{\sqrt{xy+1}-1}$.

4. 设函数 $z=\sin(xy)$，求$\frac{\partial z}{\partial x},\frac{\partial z}{\partial y}$.

5. 计算$\iint\limits_{D} xy\,\mathrm{d}x\mathrm{d}y$，其中 D 是由 $x+y=1$ 及两坐标轴所围成的闭区域.

6. 求微分方程 $y''+2y'-3y=0$ 的通解.

7. 判别正项级数 $\sum\limits_{n=1}^{\infty}\frac{n^2}{2^n}$ 的敛散性.

8. 计算第二类型曲线积分$\int_L x\mathrm{d}y-y\mathrm{d}x$，其中 L 为沿曲线 $y=\sqrt{2x-x^2}$ 从点(2，0)到点（0，0）的有向弧段.

9. 将 $f(x)=\frac{1}{1-x}$展开成麦克劳林级数.

10. 在平面 xOy 上求一点，使它到 $x=0$，$y=0$ 及 $x+y-4=0$ 三直线的距离平方之和为最小.

期末考试模拟题 3

一、单项选择题（每题 4 分，共 20 分）

1. 过点（1，0，2）且法向量为 $\boldsymbol{n}=(1,2,3)$ 的平面方程为（　　）.

A. $x+2y+3z=1$　　B. $x+2y+3z=2$

C. $x+2y+3z=3$　　D. $x+2y+3z=7$

2. 向量（1，－2，2）的模为（　　）.

A. 0　　B. 1　　C. 2　　D. 3

3. 两直线 $\frac{x-1}{1}=\frac{y-2}{2}=\frac{z}{3}$ 与 $\frac{x-1}{2}=\frac{y-1}{4}=\frac{z-1}{6}$（　　）.

A. 垂直　　B. 平行而不重合

C. 既不垂直也不平行　　D. 重合

4. 微分方程 $y'+\cos x=0$ 的通解为（　　）.

A. $-\cos x+c$　　B. $-\sin x+c$　　C. $-\cos x+1$　　D. $-\sin x+1$

5. 函数 $z=xy+e^x-3$，则 $\frac{\partial z}{\partial x}=$(　　).

A. y　　B. $y+e^x$　　C. $y+e^x-3$　　D. 1

二、填空题（每题 4 分，共 20 分）

1. 设 $x\sin y+z^2-4z=0$ 则 $\frac{\partial z}{\partial x}=$____________.

2. 函数 $z=\ln x+y^2$ 的全微分 $dz=$____________.

3. 级数 $\sum_{n=1}^{\infty}\frac{1}{n^2}$ ____________.（填“收敛”或“发散”）.

4. 已知两点 $A(1,2,1)$ 和 $B(1,0,2)$，则向量 $\overrightarrow{AB}$ 的坐标为____________.

5. 求方程 $y''-y'-2y=0$ 的通解为____________.

三、计算与证明题（每小题 6 分，共 60 分）

1. 已知向量 $\boldsymbol{a}=(3,-1,-2)$，$\boldsymbol{b}=(1,2,-1)$，求（1）$\boldsymbol{a}+2\boldsymbol{b}$；（2）数量积 $\boldsymbol{a}\cdot\boldsymbol{b}$.

2. 设 $z=u^2+v^2$，而 $u=xy$，$v=x+y$，求 $\frac{\partial z}{\partial x}$，$\frac{\partial z}{\partial y}$.

3. 计算二重积分 $\iint\limits_D x\,d\sigma$，其中 D 是由 $y=1$，$x=2$ 和 $y=x$ 所围成的闭区域.

4. 求幂级数 $\sum_{n=1}^{\infty}\frac{x^n}{n}$ 的收敛域.

5. 设 $z=\ln x+x\sin y+\mathrm{e}$，求$\frac{\partial z}{\partial x}$,$\frac{\partial^2 z}{\partial x\partial y}$.

6. 判别级数 $\sum_{n=1}^{\infty}\frac{n+5}{n(n^2+1)}$ 的敛散性 .

7. 求函数 $f(x,\ y)=x^3-y^3+3x^2+3y^2-9x+1$ 的极值 .

8. 求方程$\frac{\mathrm{d}y}{\mathrm{d}x}-\frac{y}{x}=0$ 的通解 .

9. 计算$\int_L xy\mathrm{d}x$，其中 L 为抛物线 $y=x^2$ 上从 $O(0,\ 0)$ 到 $B(1,\ 1)$ 的一段有向弧 .

10. 设 $2\sin(x+2y-3z)=x+2y-3z$，证明$\frac{\partial z}{\partial x}+\frac{\partial z}{\partial y}=1$.

期末考试模拟题 4

一、单项选择题（每题 4 分，共 20 分）

1. 微分方程$(y')^3+y''+xy^4=x$的阶数为（　　）.

A. 1　　B. 2　　C. 3　　D. 4

2. 向量（1，2，2）的模等于（　）.

A. 1　　B. 2　　C. 3　　D. 4

3. 下列关于向量运算律不正确的是（　　）.

A. $\boldsymbol{a}\cdot\boldsymbol{b}=\boldsymbol{b}\cdot\boldsymbol{a}$　　B. $\boldsymbol{a}\times\boldsymbol{b}=\boldsymbol{b}\times\boldsymbol{a}$

C. $(\boldsymbol{a}+\boldsymbol{b})\cdot\boldsymbol{c}=\boldsymbol{a}\cdot\boldsymbol{c}+\boldsymbol{b}\cdot\boldsymbol{c}$　　D. $(\boldsymbol{a}+\boldsymbol{b})\times\boldsymbol{c}=\boldsymbol{a}\times\boldsymbol{c}+\boldsymbol{b}\times\boldsymbol{c}$

4. 微分方程$y''+2y'+y=0$的通解为（　　）.

A. $c_1+c_2\mathrm{e}^{-x}$　　B. $c_1\cos x+c_2\sin x$

C. $(c_1+c_2x)\mathrm{e}^{-x}$　　D. $c\mathrm{e}^{-x}$

5. 平面$-x+2y-z+1=0$与平面$-x+2y-z-1=0$的关系为（　　）.

A. 两平面垂直　　B. 两平面斜交

C. 两平面重合　　D. 两平面平行但不重合

二、填空题（每题 4 分，共 20 分）

1. 函数$z=\sqrt{1-x^2-y^2}$的定义域是____________.

2. 微分方程$y'=x^2$的通解是____________.

3. 已知函数$z=\sin x+\ln y$，则$\mathrm{d}z=$____________.

4. 已知两点$A(1,1,2)$和$B(1,1,0)$，则向量$\overrightarrow{AB}$的坐标为____________.

5. 常数项级数$\sum\limits_{n=1}^{\infty}\frac{1}{2n}$____________.（填“收敛”或“发散”）

三、计算题（每小题 6 分，共 60 分）

1. 求通过点（4，−3，−1）并且与平面$x+2y-z+1=0$平行的平面方程.

2. 设$z=\mathrm{e}^{x-2y}$，而$x=\sin t$，$y=t^3$，求$\frac{\mathrm{d}z}{\mathrm{d}t}$.

3. 计算二重积分$\iint\limits_D x\,\mathrm{d}\sigma$，其中$D$是由$y=0$，$x=1$，$y=x$所围成的闭区域.

4. 求幂级数$\sum\limits_{n=1}^{\infty}(-1)^n\frac{x^n}{n}$的收敛域.

5. 设 $z=x^3y-y^3x+4y^2$，求$\frac{\partial z}{\partial x}$，$\frac{\partial^2 z}{\partial x\partial y}$.

6. 判别级数 $\sum\limits_{n=1}^{\infty}\frac{n!}{10^n}$ 的敛散性.

7. 求函数 $f(x，y)=2x-2y-x^2-y^2$ 的极值.

8. 求方程$\frac{\mathrm{d}y}{\mathrm{d}x}+\frac{y}{x}=0$ 的通解.

9. 计算$\int_L\sqrt{y}\,\mathrm{d}x$，其中 L 为抛物线 $y=x^2$ 从点 $O(0，0)$ 到点 $B(1，1)$ 的一段有向弧.

10. 设 $x+z=xy+\sin(yz)$，求$\frac{\partial z}{\partial x}$，$\frac{\partial z}{\partial y}$.

期末考试模拟题 5

一、单项选择题（每题 4 分，共 20 分）

1. 在三维空间中，$\frac{x-4}{2}=\frac{y+3}{1}=\frac{z+4}{-1}$表示的是（　　）.

A. 平面　　B. 曲面　　C. 直线　　D. 曲线

2. 空间两点 $A(1,0,1)$，$B(1,2,3)$ 的距离为（　　）.

A. 1　　B. 2　　C. $\sqrt{2}$　　D. $2\sqrt{2}$

3. $\iint\limits_{D}\mathrm{d}x\mathrm{d}y=$（　　），其中 D 为 $x^2+y^2\leqslant 1$.

A. π　　B. 1　　C. 2π　　D. 2

4. 下列函数是微分方程 $y'-\mathrm{e}^x=0$ 的解的是（　　）.

A. e^x+1　　B. $\mathrm{e}^{-x}+1$　　C. $-\mathrm{e}^x+1$　　D. e^x-x

5. 设 $\boldsymbol{m}=\boldsymbol{i}+\boldsymbol{j}+\boldsymbol{k}$，$\boldsymbol{n}=2\boldsymbol{i}-4\boldsymbol{j}+\boldsymbol{k}$，则 $\boldsymbol{m}\cdot\boldsymbol{n}=$（　　）.

A. 1　　B. 2　　C. 3　　D. -1

二、填空题（每题 4 分，共 20 分）

1. 函数 $z=\ln(1-x^2-y^2)$ 的定义域是____________________.

2. $\lim\limits_{\substack{x\to 2\\ y\to 1}}\frac{x+y}{x-y}=$______________.

3. 设 $u=x+y+z$，则 $\mathrm{d}u|_{(1,1,1)}=$______________.

4. 一阶线性微分方程 $y'+y=1$ 的通解为______________.

5. 设曲线积分 $\int_L (x+ky)\mathrm{d}x+(2x+y)\mathrm{d}y$ 在 xOy 面内与积分路径无关，则 $k=$________.

三、简答题（每小题 6 分，共 60 分）

1. 设 $\boldsymbol{a}=(1,-2,-3)$，$\boldsymbol{b}=(-1,0,2)$，求 $(\boldsymbol{a}+\boldsymbol{b})\cdot(\boldsymbol{a}-\boldsymbol{b})$.

2. 求微分方程 $y''-2y'-8y=0$ 的通解.

3. 求极限 $\lim\limits_{\substack{x\to 0\\ y\to 0}}\frac{\sqrt{xy+4}-2}{xy}$.

4. 设函数 $z=x^2+3xy+y^2$，求 $\frac{\partial z}{\partial x}$，$\frac{\partial z}{\partial y}$.

5. 计算 $\iint\limits_{D}\sqrt{x^2+y^2}\,\mathrm{d}x\mathrm{d}y$，其中 D 是由 $x^2+y^2=1$ 所围成的闭区域．

6. 求二元函数 $f(x,\ y)=x^3+y^3-3xy$ 的极值．

7. 判别正项级数 $\sum\limits_{n=1}^{\infty}\frac{n}{2^n}$ 的敛散性．

8. 计算第二类型曲线积分 $\int_L x\mathrm{d}y+y\mathrm{d}x$，其中 L 为沿曲线 $y=x^2$ 从点（0，0）到点（1，1）的有向弧段．

9. 将 $f(x)=\frac{1}{2+x}$ 展开成麦克劳林级数．

10. 计算二重积分 $\int_{\frac{1}{4}}^{\frac{1}{2}}\mathrm{d}y\int_{\frac{1}{2}}^{\sqrt{y}}\mathrm{e}^{\frac{y}{x}}\mathrm{d}x+\int_{\frac{1}{2}}^{1}\mathrm{d}y\int_{y}^{\sqrt{y}}\mathrm{e}^{\frac{y}{x}}\mathrm{d}x$.

下册参考答案

第6章

习题6.1

1. (1) 是，二阶；　(2) 是，一阶；　(3) 不是；　(4) 是，一阶；
   (5) 是，二阶；　(6) 是，三阶
2. (1) 是；　(2) 是；　(3) 是；　(4) 不是.
3. (1) $\frac{\mathrm{d}y}{\mathrm{d}x}=-\frac{x}{y}$；　(2) $ay''\pm(1+y'^2)^{\frac{3}{2}}=0$.
4. $y=2\cos x-\sin x$.

习题6.2

1. (1) $y=\ln\left(\frac{1}{2}\mathrm{e}^{2x}+C\right)$；　(2) $(3+y)(3-x)=C$；
   (3) $y\sqrt{1+x^2}=C$；　(4) $y=C\mathrm{e}^{\arcsin x}$；
   (5) $y=\mathrm{e}^{Cx}$；　(6) $\frac{1}{y}=a\ln|x+a-1|+C$.
2. (1) $y=\frac{4}{x^2}$；　(2) $y=\mathrm{e}^{\tan\frac{x}{2}}$；
   (3) $y=\arcsin\frac{1}{1+x^2}$.
3. $y=\frac{1}{3}x^2$.

习题6.3

1. (1) $y=\frac{1}{x}(-\cos x+C)$；　(2) $y=\mathrm{e}^{-x}(x+C)$；
   (3) $y=\frac{\sin x+C}{x^2-1}$；　(4) $y=\frac{1}{x}[-(x+1)\mathrm{e}^{-x}+C]$；

(5) $y=\frac{1}{2}\left(xe^x-\frac{1}{2}e^x+ce^{-x}\right)$;　　(6) $y=ce^{-x^2}+e^{-x^2}\ln x$;

(7) $y=\frac{x}{2}\ln^2 x+Cx$;　　(8) $x=Ce^y-y-1$;

(9) $y=x-\frac{1}{2}+Ce^{-2x}$;　　(10) $y=(x^2+C)\sin x$;

(11) $y=\frac{1}{1+e^x}(x+e^x+C)$;　　(12) $y=e^{-x^2}(x^2+C)$;

2. (1) $y=\frac{1}{x}(\pi-1-\cos x)$;　　(2) $\rho=\frac{1}{2}\ln\theta$.

习题 6.4

1. (1) $y=C_1e^x+C_2e^{-2x}$;　　(2) $y=C_1+C_2e^{4x}$;

(3) $y=(C_1+C_2x)e^{2x}$;　　(4) $x=(C_1+C_2t)e^{\frac{5}{2}t}$;

(5) $y=e^{2x}(C_1\cos x+C_2\sin x)$;　　(6) $\omega=e^{2\theta}(C_1\cos\sqrt{2}\theta+C_2\sin\sqrt{2}\theta)$;

(7) $y=e^x\left(C_1\cos\frac{x}{2}+C_2\sin\frac{x}{2}\right)$;　　(8) $y=e^{2x}\ (C_1\cos\sqrt{11}x+C_2\sin\sqrt{11}x)$.

习题 6.5

1. (1) $y=\frac{1}{2}\ln^2 x-\ln x+C_1x+C_2$;

(2) $y=\frac{1}{4}e^{2x}+C_1x+C_2$;

(3) $y=\frac{1}{2}\ln^2 x+C_1\ln x+C_2$;

(4) $y=-\frac{1}{C_1x+C_2}$.

2. (1) $y=\frac{1}{2}x\sqrt{x^2+1}+\frac{1}{2}\ln(x+\sqrt{x^2+1})$;

(2) $y=\tan\left(x+\frac{\pi}{4}\right)$.

第 7 章

习题 7.1

1. (1) $1+\frac{3}{5}+\frac{4}{10}+\frac{5}{17}$;　　(2) $1+\frac{-1}{25}+\frac{1}{125}+\frac{-1}{625}$.

2. (1) $u_n=(-1)^{n-1}\frac{n+1}{n}$；　　(2) $u_n=\frac{(\sqrt{x})^n}{(2n)!!}$.

3. (1) 发散；　(2) 收敛；　(3) 发散.

4. (1) 发散；　(2) 收敛；　(3) 发散；　(4) 收敛；　(5) 收敛.

习题 7.2

1. 发散.
2. 收敛.
3. 当 $a=1$ 时，发散；当 $0<a<1$ 时，发散；当 $a>1$ 时，收敛.
4. 收敛.
5. 收敛.
6. 收敛.

习题 7.3

1. (1) 条件收敛；
   (2) 条件收敛；
   (3) 绝对收敛；
   (4) 条件收敛；
   (5) 绝对收敛；
   (6) 条件收敛.
2. AD

习题 7.4

1. (1) $(-\infty, +\infty)$；　(2) $(-1, 1)$；　(3) $[4, 6)$；　(4) $[-1, 1]$.

2. (1) $\frac{x}{(1-x)^2}$，$-1<x<1$；

   (2) $1+x-\ln(1+x)$，$-1<x\leqslant 1$；

   (3) $\frac{1}{4}\ln\frac{1+x}{1-x}+\frac{1}{2}\arctan x-x$，$-1<x<1$；

   (4) $\frac{1}{2}\ln\frac{1+x}{1-x}$，$-1<x<1$.

习题 7.5

1. (1) $\ln 5+\sum_{n=1}^{\infty}(-1)^{n-1}\frac{1}{n}\left(\frac{x}{5}\right)^n$, $(-5,5]$;

(2) $\sum_{n=1}^{\infty}\frac{(x\ln 2)^n}{n!}$, $(-\infty,+\infty)$;

(3) $1+\frac{1}{2}\sum_{n=1}^{\infty}\frac{1}{n!}\left(\frac{x}{2}\right)^n$, $(-\infty,+\infty)$;

(4) $x+\sum_{n=1}^{\infty}(-1)^n\frac{2(2n)!}{(n!)^2}\left(\frac{x}{2}\right)^{2n+1}$, $(-1,1]$.

2. $\sum_{n=0}^{\infty}(x-1)^n$, $(-2,0)$.

3. $\frac{1}{2}\sum_{n=0}^{\infty}(-1)^n\left[\frac{\left(x+\frac{\pi}{3}\right)^{2n}}{(2n)!}+\sqrt{3}\frac{\left(x+\frac{\pi}{3}\right)^{2n+1}}{(2n+1)!}\right]$, $(-\infty,+\infty)$.

4. $\sum_{n=0}^{\infty}\left(\frac{1}{2^{n+1}}-\frac{1}{3^{n+1}}\right)(x+4)^n$, $(-6,-2)$.

第 8 章

习题 8.1

1. (1) x 轴上； (2) y 轴上； (3) yOz 面上； (4) xOz 轴上.

3. $\left(\pm\frac{a}{\sqrt{2}},0,0\right)$, $\left(0,\pm\frac{a}{\sqrt{2}},0\right)$, $\left(\pm\frac{a}{\sqrt{2}},0,a\right)$, $\left(\pm\frac{a}{\sqrt{2}},0,0\right)$, $\left(0,\pm\frac{a}{\sqrt{2}},a\right)$.

5. $M(0,0,3)$.

习题 8.2

1. $z=7$ 或 $z=-5$.

2. $\overrightarrow{OM}=2a-b+c$.

3. $\left\{\frac{3}{\sqrt{14}},\frac{2}{\sqrt{14}},\frac{1}{\sqrt{14}}\right\}$.

4. 20.

习题 8.3

1. $2x-6y+2z-7=0$.

2. $x+2y+2z-2=0$.

3. $x-2y-3z+20=0$.

4. $x-3y-6z+8=0$.

习题 8.4

1. $\frac{x-2}{1}=y=\frac{z+1}{-5}$；

2. $\frac{x-3}{1}=\frac{y-2}{1}=\frac{z-1}{2}$.

3. $\frac{x-1}{2}=\frac{y-1}{1}=\frac{z-1}{2}$，$\begin{cases}x=1-2t\\y=1+t\\z=1+3t\end{cases}$.

4. (1) $\frac{x-3}{1}=\frac{y-4}{\sqrt{2}}=\frac{z+4}{-1}$；　(2) $\frac{x-3}{1}=\frac{y+2}{3}=\frac{z+1}{3}$；

(3) $\frac{x}{-2}=\frac{y-2}{3}=\frac{z-4}{1}$.

5. 0.

习题 8.5

1. (1) 圆；(2) 椭圆；(3) 双曲柱面；(4) 双叶双曲面.

2. (1) $\begin{cases}x=\frac{3}{\sqrt{2}}\cos t\\y=\frac{3}{\sqrt{2}}\cos t\\z=3\sin t\end{cases}$ $(0\leqslant t\leqslant 2\pi)$；

(2) $\begin{cases}x=1+\sqrt{3}\cos\theta\\y=\sqrt{3}\sin\theta\\z=0\end{cases}$ $(0\leqslant\theta\leqslant 2\pi)$.

第 9 章

习题 9.1

1. (1) $\{(x,y)\mid y^3+2x+1>0\}$；

(2) $\{(x,y)\mid x+y>0, x-y>0\}$;

(3) $\{(x,y)\mid 0<x^2+y^2<1, y^2\leqslant 4x\}$;

(4) $\{(x,y)\mid x\geqslant 0, y\geqslant 0, x^2\geqslant y\}$;

(5) $\{(x,y,z)\mid x^2+y^2-z^2\geqslant 0, x^2+y^2\neq 0\}$;

(6) $\{(x,y,z)\mid r^2<x^2+y^2+z^2\leqslant R^2\}$.

2. $(x+y)^{xy}+(xy)^{2x}$.

3. (1) 1； (2) 0； (3) $\frac{\pi}{2}$； (4) $-\frac{1}{4}$.

4. 略.

5. (1) (0, 0)； (2) $y=\pm x$； (3) $z=xy$.

习题 9.2

1. (1) $1-y\sin x$, $\cos x$； (2) $-\frac{2x\sin x^2}{y}$, $-\frac{\cos x^2}{y^2}$；

(3) $\frac{y}{x^2}e^{-\frac{y}{x}}$, $-\frac{1}{x}e^{-\frac{y}{x}}$； (4) $\frac{y}{x^2+y^2}$, $-\frac{x}{x^2+y^2}$；

(5) $\cot(x-2y)$, $-2\cot(x-2y)$； (6) $\frac{5t}{(x+2t)^2}$, $\frac{-5x}{(x+2t)^2}$；

(7) $\cos x\cdot\cos y\ (\sin x)^{\cos y-1}$, $-\ (\sin x)^{\cos y}\sin y\ln\ (\sin x)$；

(8) $-\frac{y}{x^2}z^{\frac{y}{x}}\ln z$, $\frac{1}{x}z^{\frac{y}{x}}\ln z$, $\frac{y}{xz}z^{\frac{y}{x}}$.

2. (1) $\frac{2}{5}$； (2) 1.

3. (1) $z_{xx}=12x^2-8y^2$, $z_{yy}=12y^2-8x^2$, $z_{xy}=-16xy$；

(2) $z_{xx}=\frac{2xy}{(x^2+y^2)^2}$, $z_{xy}=\frac{y^2-x^2}{(x^2+y^2)^2}$, $z_{yy}=\frac{-2xy}{(x^2+y^2)^2}$；

(3) $z_{xx}=-\frac{1}{x^2}$, $z_{xy}=0$, $z_{yy}=-\frac{1}{y^2}$；

(4) $z_{xx}=y^x\ln^2 y$, $z_{xy}=y^{x-1}(1+x\ln y)$, $z_{yy}=x(x-1)y^{x-2}$.

4. 略.

习题 9.3

1. (1) $-4(dx+dy)$； (2) $2dx-dy$.

2. (1) $\left(y+\frac{1}{y}\right)dx+\left(x-\frac{x}{y^2}\right)dy$； (2) $\left(ye^{xy}+\frac{1}{x+y}\right)dx+\left(xe^{xy}+\frac{1}{x+y}\right)dy$；

(3) $\frac{2}{x^2+y^2}(x\mathrm{d}x+y\mathrm{d}y)$；　(4) $\frac{-y\mathrm{d}x+x\mathrm{d}y}{x^2+y^2}$.

习题 9.4

1. $\frac{\partial z}{\partial u}=\frac{2(u-2v)(u+3v)}{(v+2u)^2}$，　$\frac{\partial z}{\partial v}=\frac{(2v-u)(9u+2v)}{(v+2u)^2}$.

2. $\frac{\partial z}{\partial x}=\frac{2x}{1+x^2-y^2}$，　$\frac{\partial z}{\partial y}=\frac{-2y}{1+x^2-y^2}$.

3. $\frac{\mathrm{d}z}{\mathrm{d}t}=\mathrm{e}^{\sin t-2t^3}(\cos t-6t^2)$.

4. $\frac{\mathrm{d}z}{\mathrm{d}x}=\frac{\mathrm{e}^x(1+x)}{1+x^2\mathrm{e}^{2x}}$.

5. (1) $\frac{\partial u}{\partial x}=f_1+yf_2$；　(2) $\frac{\partial u}{\partial y}=f_1+2yf_2$；

(3) $\frac{\partial u}{\partial x}=yf_1-\frac{y}{x^2}f_2$；　(4) $\frac{\partial u}{\partial x}=y\mathrm{e}^{xy}f_1+2xf_2$.

6. 略.

7. (1) $\frac{\mathrm{d}y}{\mathrm{d}x}=-\frac{y\cos(xy)-2xy}{x\cos(xy)-x^2}$；　(2) $\frac{\mathrm{d}y}{\mathrm{d}x}=\frac{y^2-\mathrm{e}^x}{\cos y-2xy}$；　(3) $\frac{\mathrm{d}y}{\mathrm{d}x}=-\frac{y}{x}$.

8. (1) $\frac{\partial z}{\partial x}=\frac{yz}{\mathrm{e}^z-xy}$，　$\frac{\partial z}{\partial y}=\frac{xz}{\mathrm{e}^z-xy}$；

(2) $\frac{\partial z}{\partial x}=\frac{z}{x+z}$，　$\frac{\partial z}{\partial y}=\frac{z^2}{y(x+z)}$.

9. $-\frac{1}{5}$.

10. 略.

习题 9.5

1. (1) 极小值 $z(1, 0)=-1$；(2) 极大值 $z(2, 2)=8$；(3) 极小值 $z(1, 1)=-1$.

2. 在 $x=1$，$y=2$ 时有极大值 5；在 $x=-1$，$y=-2$ 时有极小值 -5.

3. 在 $(-1, 2, -2)$ 有极小值 -9；在 $(1, -2, 2)$ 有极大值 9.

4. $\left(\frac{8}{5}, \frac{16}{5}\right)$.

5. $\sqrt{3}$.

第 10 章

习题 10.1

1. (1) $\iint\limits_D (x+y)^2 \mathrm{d}\sigma \geqslant \iint\limits_D (x+y)^3 \mathrm{d}\sigma$；　(2) $\iint\limits_D \ln(x+y) \mathrm{d}\sigma \geqslant \iint\limits_D [\ln(x+y)]^2 \mathrm{d}\sigma$.

2. (1) $8\pi \leqslant I \leqslant 56\pi$；　(2) $0 \leqslant I \leqslant \pi^2$.

习题 10.2

1. (1) $\dfrac{1-\mathrm{e}^{-1}}{2}$；　(2) $\dfrac{\pi a^3}{3}$.

2. (1) $\dfrac{1}{12}$；　(2) $\dfrac{28}{3}\ln 3$.

3. $\pi(\sin a - a\cos a)$.

4. $\int_0^1 \mathrm{d}y \int_{y^2}^1 f(x,y)\mathrm{d}x$.

习题 10.3

1. $\dfrac{17\sqrt{17}-1}{48}$.

2. 0.

3. $\sqrt{2}$.

4. 9.

习题 10.4

1. $\dfrac{4}{5}$.

2. $-\dfrac{56}{15}$.

3. (1) 0；　(2) 0.

4. (1) $\dfrac{5}{3}$；　(2) $\dfrac{7}{6}$；　(3) 3.

5. 13.

6. （1）1；　（2）1.

习题 10.5

1. $\frac{1}{30}$.

2. （1）$\frac{3\pi}{8}a^3$；　（2）12π.

3. （1）-8；　（2）12.

4. $\frac{5}{2}$.

5. $\frac{\pi}{2}$.

下册期末考试模拟题

期末考试模拟题 1

一、单项选择题

1. C　2. C　3. B　4. A　5. A

二、填空题

1. $\{(x,y)\,|\,|x|\leqslant 1,|y|\leqslant 1\}$

2. 2

3. -72

4. $\frac{1}{1-x}$

5. $\pi k R^2$

三、简答题

1. 解：因为 $\boldsymbol{a}\perp\boldsymbol{b}$，则 $\boldsymbol{a}\cdot\boldsymbol{b}=6-4+k=0$，所以 $k=-2$.

2. 解：$\frac{\partial z}{\partial x}=\mathrm{e}^x\sin y,\frac{\partial z}{\partial y}=\mathrm{e}^x\cos y$.

3. 解：设 $F(x,y,z)=x^2+2y^2+3z^2-21$

则：$F_x(1,2,2)=2$，$F_y(1,2,2)=8$，$F_z(1,2,2)=12$.

所以切平面方程为：$2(x-1)+8(y-2)+12(z-2)=0$.

即：$x+4y+6z-21=0$.

法线方程为：$\frac{x-1}{2}=\frac{y-2}{8}=\frac{z-2}{12}$.

即：$\frac{x-1}{1}=\frac{y-2}{4}=\frac{z-2}{6}$.

4. 解：在极坐标系下计算二重积分，设 $x=r\cos\theta$，$y=r\sin\theta$，则

$$\iint_D \ln(x^2+y^2)\mathrm{d}x\mathrm{d}y=\int_0^{2\pi}\mathrm{d}\theta\int_0^1 r^3\mathrm{d}r=2\pi\int_0^1 r^3\mathrm{d}r=\frac{\pi}{2}$$

5. 解：利用格林公式

$$\oint_L(2x-y+4)\mathrm{d}x+(5y+3x-6)\mathrm{d}y=\iint_D\left(\frac{\partial Q}{\partial x}-\frac{\partial P}{\partial y}\right)\mathrm{d}x\mathrm{d}y=\iint_D 4\mathrm{d}x\mathrm{d}y=4\pi R^2$$

6. 解：微分方程 $y''-2y'-3y=0$ 的特征方程为：$r^2-2r-3=0$

特征根为：$r_1=3$，$r_2=-1$.

所以方程的通解为：$y=c_1\mathrm{e}^{3x}+c_2\mathrm{e}^{-x}$，其中 c_1，c_2 为任意常数.

7. 解：利用比值判别法，由于

$$\lim_{n\to\infty}\frac{n!}{(n+1)!}=0<1$$

所以原级数收敛.

8. 解：

$$\begin{aligned}f(x)&=\frac{1}{4}\left(\frac{1}{x-3}-\frac{1}{x+1}\right)\\&=-\frac{1}{8}\frac{1}{1-\frac{x-1}{2}}-\frac{1}{8}\frac{1}{1-\left(-\frac{x-1}{2}\right)}\\&=-\frac{1}{8}\sum_{n=0}^{\infty}\left(\frac{x-1}{2}\right)^n-\frac{1}{8}\sum_{n=0}^{\infty}\left(-\frac{x-1}{2}\right)^n\\&=-\frac{1}{4}\sum_{n=0}^{\infty}\left(\frac{x-1}{2}\right)^{2n}\left(\left|\frac{x-1}{2}\right|<1\right)\end{aligned}$$

9. 解：解方程组

$\begin{cases}f'_x(x,y)=3x^2+6x-9=0\\f'_y(x,y)=-3y^2+6y=0\end{cases}$，得驻点 (1，0)，(1，2)，(−3，0)，(−3，2).

$f''_{xx}(x,y)=6x+6$，$f''_{xy}(x,y)=0$，$f''_{yy}(x,y)=-6y+6$

在 (1，0) 处，$AC-B^2=72>0$，$A>0$，故函数在点 (1，0) 处有极小值 −5；

在 (1，2)，(−3，0) 处，$AC-B^2=-72<0$，故函数在点 (1，2)，(−3，0) 处不取极值；

在 (−3，2) 处，$AC-B^2=72>0$，$A<0$，故函数在点 (1，0) 处有极大值 31.

10. 证明：(1) 构造拉格朗日函数

$L(x, y, z)=\ln x+\ln y+3\ln z+\lambda(x^2+y^2+z^2-5r^2)$ $(x>0, y>0, z>0)$

求解方程组$\begin{cases} L_x=\dfrac{1}{x}+2\lambda x=0 \\ L_y=\dfrac{1}{y}+2\lambda y=0 \\ L_z=\dfrac{3}{z}+2\lambda x=0 \\ x^2+y^2+z^2=5r^2 \end{cases}$得 $x=y=r$，$z=\sqrt{3}r$.

所以函数在唯一的驻点 $(r, r, \sqrt{3}r)$ 处取得最大值 $\ln 3\sqrt{3}r^5$.

(2) 由 (1) 可知 $\ln x+\ln y+3\ln z\leqslant\ln 3\sqrt{3}r^5$，而 $r^2=\dfrac{x^2+y^2+z^2}{5}$

则 $xyz^3\leqslant 3\sqrt{3}\left(\dfrac{x^2+y^2+z^2}{5}\right)^{\frac{5}{2}}$

即 $x^2y^2z^6\leqslant 27\left(\dfrac{x^2+y^2+z^2}{5}\right)^5$

令 $a=x^2$，$b=y^2$，$c=z^3$，可得要证的结论 $abc^3\leqslant 27\left(\dfrac{a+b+c}{5}\right)^5$.

期末考试模拟题 2

一、单项选择题

1. B　2. A　3. D　4. A　5. C

二、填空题

1. $\{(x,y)\,|\,x^2+y^2\leqslant 1\}$

2. 2

3. $2(\mathrm{d}x+\mathrm{d}y+\mathrm{d}z)$

4. $y=\mathrm{e}^{-\int P(x)\mathrm{d}x}\left(\int Q(x)\mathrm{e}^{\int P(x)\mathrm{d}x}\mathrm{d}x+c\right)$

5. -2

三、简答题

1. 解：$\boldsymbol{a}\cdot\boldsymbol{b}=1+0+6=7$.

2. 解：所求直线的方向向量是 $(3, -1, 1)$，根据直线的点向式方程可得，$3x-y+z-2=0$.

3. 解：$\lim\limits_{\substack{x\to 0\\ y\to 0}}\dfrac{xy}{\sqrt{xy+1}-1}=\lim\limits_{\substack{x\to 0\\ y\to 0}}\dfrac{xy(\sqrt{xy+1}+1)}{xy}=2$

4. 解：$\frac{\partial z}{\partial x}=y\cos(xy)$，$\frac{\partial z}{\partial y}=x\cos(xy)$

5. 解：$\iint\limits_{D} xy\mathrm{d}x\mathrm{d}y=\int_{-1}^{2}\mathrm{d}y\int_{y^2}^{y+2}xy\mathrm{d}x$

$$=\frac{1}{2}\int_{-1}^{2}[y(y+2)^2-y^5]\mathrm{d}y$$

$$=5\frac{5}{8}$$

6. 解：微分方程 $y''+2y'-3y=0$ 的特征方程为：$r^2+2r-3=0$.

特征根为：$r_1=-3$，$r_2=1$.

所以方程的通解为：$y=c_1\mathrm{e}^{-3x}+c_2\mathrm{e}^{x}$，其中 c_1，c_2 为任意常数.

7. 解：利用比值判别法有

$$\lim_{n\to\infty}\frac{(n+1)^2}{2^{(n+1)}}\frac{2^n}{n^2}=\frac{1}{2}<1$$

所以原级数收敛.

8. 解：$P(x,\ y)=-y$，$Q(x,\ y)=x$

$\frac{\partial Q}{\partial x}-\frac{\partial P}{\partial y}=2$

补线 L_1：x 轴上从 $(2,\ 0)$ 到 $(0,\ 0)$ 的一段

原式 $=\oint_{L+L_1}x\mathrm{d}y-y\mathrm{d}x-\oint_{L_1}x\mathrm{d}y-y\mathrm{d}x$

$=2\iint\limits_{D}1\mathrm{d}x\mathrm{d}y-0$

$=\pi$

9. 解：由于 $\left(\frac{1}{1+x}\right)'=-\frac{1}{(1+x)^2}$

$\frac{1}{1-x}=\sum\limits_{n=0}^{\infty}x^n(-1<x<1)$.

10. 解：设所求点的坐标为 $(x,\ y)$，则此点到 $x=0$ 的距离为 $|y|$，到 $y=0$ 的距离为 $|x|$，到直线 $x+y-4=0$ 的距离为 $\frac{|x+y-4|}{\sqrt{2}}$，而距离平方之和为

$$z(x,\ y)=y^2+x^2+\frac{1}{2}(x+y-4)^2$$

由 $\begin{cases}\frac{\partial z}{\partial x}=2x+(x+y-4)=0\\ \frac{\partial z}{\partial y}=2y+(x+y-4)=0\end{cases}$，即 $\begin{cases}3x+y-4=0\\ x+3y-4=0\end{cases}$，解得唯一的驻点 $(1,\ 1)$.

根据问题的实际意义，到三条直线的距离平方之和最小的点一定存在，因此(1，1)为所求的点.

期末考试模拟题3

一、单项选择题

1. D　2. D　3. B　4. B　5. B

二、填空题

1. $\frac{\partial z}{\partial x}=\frac{\sin y}{4-2z}$

2. $dz=\frac{1}{x}dx+2ydy$

3. 收敛

4. $(0,-2,1)$

5. $y=c_1e^{2x}+c_2e^{-x}$

三、计算与证明题

1. 解：(1) $\boldsymbol{a}+2\boldsymbol{b}=(3,-1,-2)+2(1,2,-1)=(3,-1,-2)+(2,4,-2)=(5,3,-4)$

(2) $\boldsymbol{a}\cdot\boldsymbol{b}=3\times1+(-1)\times2+(-2)\times(-1)=3$

2. 解：$\frac{\partial z}{\partial x}=\frac{\partial z}{\partial u}\frac{\partial u}{\partial x}+\frac{\partial z}{\partial v}\frac{\partial v}{\partial x}=2uy+2v=2(xy^2+x+y)$

$\frac{\partial z}{\partial y}=\frac{\partial z}{\partial u}\frac{\partial u}{\partial y}+\frac{\partial z}{\partial v}\frac{\partial v}{\partial y}=2ux+2v=2(x^2y+x+y)$

3. 解：$1\leqslant x\leqslant 2$，$1\leqslant y\leqslant x$

$$\iint_D x\,d\sigma=\int_1^2 dx\int_1^x x\,dy=\int_1^2 x\,dx\int_1^x dy$$

$$=\int_1^2 x(x-1)dx=\frac{5}{6}$$

4. 解：$\rho=\lim_{n\to\infty}\frac{n}{n+1}=1$，所以收敛半径为$R=1$

当$x=1$时，级数成为$\sum_{n=1}^{\infty}\frac{1}{n}$，发散

当$x=-1$时，级数成为$\sum_{n=1}^{\infty}(-1)^n\frac{1}{n}$，收敛，收敛域为$[-1,1)$.

5. 解：$\frac{\partial z}{\partial x}=\frac{1}{x}+\sin y$

$\frac{\partial^2 z}{\partial x\partial y}=\cos y$

6. 解：$\lim\limits_{n\to\infty}\frac{u_n}{v_n}=\lim\limits_{n\to\infty}\frac{\frac{n+5}{n\ (n^2+1)}}{\frac{1}{n^2}}=\lim\limits_{n\to\infty}\frac{n\ (n+5)}{n^2+1}=1$

因 $\sum\limits_{n=1}^{\infty}\frac{1}{n^2}$ 是 $p=2$ 的 p—级数收敛，故级数 $\sum\limits_{n=1}^{\infty}\frac{n+5}{n(n^2+1)}$ 收敛．

7. 解：$f_x(x,\ y)=3x^2+6x-9=0\qquad f_y(x,\ y)=-3y^2+6y=0$

解得 $x_1=1$，$x_2=-3$；$y_1=0$，$y_2=2$.

因此驻点为（1，0），（1，2），（−3，0），（−3，2）.

$f_{xx}(x,\ y)=6x+6$，$f_{xy}(x,\ y)=0$，$f_{yy}(x,\ y)=-6y+6$

函数在（1，0）处有极小值 $f(1,\ 0)=-4$；在（1，2）处无极值；在（−3，0）处无极值；函数在（−3，2）处有极大值 $f(-3,\ 2)=32$.

8. 解：$\frac{\mathrm{d}y}{\mathrm{d}x}-\frac{y}{x}=0$，得$\frac{\mathrm{d}y}{y}=\frac{\mathrm{d}x}{x}$

两边积分得 $\ln|y|=\ln|x|+C_1$

或 $\mathrm{e}^{\ln|y|}=\mathrm{e}^{\ln|x|+C_1}=\mathrm{e}^{\ln|x|}\mathrm{e}^{C_1}=\mathrm{e}^{C_1}|x|$

故 $y=\pm\mathrm{e}^{C_1}x$，即 $y=Cx$.

9. 解 L 的参数方程为$\begin{cases}x=x\\y=x^2\end{cases}$，$x$ 从 0 到 1，

故 $\int_L xy\,\mathrm{d}x=\int_0^1 x\cdot x^2\,\mathrm{d}x=\int_0^1 x^3\,\mathrm{d}x=\frac{1}{4}$

10. 证 设 $F(x,\ y,\ z)=2\sin(x+2y-3z)-x-2y+3z$

则 $F_x=2\cos(x+2y-3z)-1$

$F_y=4\cos(x+2y-3z)-2$

$F_z=-6\cos(x+2y-3z)+3$

$\frac{\partial z}{\partial x}=-\frac{F_x}{F_z}=-\frac{2\cos(x+2y-3z)-1}{-6\cos(x+2y-3z)+3}=\frac{1}{3}$

$\frac{\partial z}{\partial y}=-\frac{F_y}{F_z}=-\frac{4\cos(x+2y-3z)-2}{-6\cos(x+2y-3z)+3}=\frac{2}{3}$

故$\frac{\partial z}{\partial x}+\frac{\partial z}{\partial y}=\frac{1}{3}+\frac{2}{3}=1$

期末考试模拟题 4

一、单项选择题

1. B　2. C　3. B　4. C　5. D

二、填空题

1. $\{(x,y)\mid x^2+y^2\leqslant 1\}$　　2. $y=\dfrac{x^3}{3}+C$　　3. $\cos x\mathrm{d}x+\dfrac{1}{y}\mathrm{d}y$

4. $(0,\ 0,\ -2)$　　5. 发散

三、计算题

1. 解：$\boldsymbol{n}=(1,\ 2,\ -1)$

点法式方程为 $(x-4)+2(y+3)-(z+1)=0$

故所求方程为 $x+2y-z+1=0$.

2. 解：$\dfrac{\mathrm{d}z}{\mathrm{d}t}=\dfrac{\partial z}{\partial x}\cdot\dfrac{\mathrm{d}x}{\mathrm{d}t}+\dfrac{\partial z}{\partial y}\cdot\dfrac{\mathrm{d}y}{\mathrm{d}t}=\mathrm{e}^{x-2y}\cos t-2\mathrm{e}^{x-2y}\cdot 3t^2$

$$=\mathrm{e}^{\sin t-2t^3}(\cos t-6t^2)$$

3. 解：$0\leqslant x\leqslant 1$，$0\leqslant y\leqslant x$

$$\iint\limits_D x\,\mathrm{d}\sigma=\int_0^1\mathrm{d}x\int_0^x x\mathrm{d}y=\int_0^1 x\mathrm{d}x\int_0^x\mathrm{d}y$$

$$=\int_0^1 x^2\mathrm{d}x=\frac{1}{3}$$

4. 解：$\lim\limits_{n\to\infty}\left|\dfrac{a_{n+1}}{a_n}\right|=\lim\limits_{n\to\infty}\dfrac{\frac{1}{n+1}}{\frac{1}{n}}=\lim\limits_{n\to\infty}\dfrac{n}{n+1}=1$

所以收敛半径为 1.

又当 $x=-1$ 时，原级数变为 $\sum\limits_{n=1}^{\infty}\dfrac{1}{n}$，为调和级数，发散

当 $x=1$ 时，原级数变为 $\sum\limits_{n=1}^{\infty}(-1)^n\dfrac{1}{n}$，为交错级数，收敛.

所以，收敛域为 $(-1,\ 1]$.

5. 解：$\dfrac{\partial z}{\partial x}=3x^2y-y^3$

$$\frac{\partial^2 z}{\partial x\partial y}=3x^2-3y^2$$

6. 解：$\lim\limits_{n\to\infty}\dfrac{u_{n+1}}{u_n}=\lim\limits_{n\to\infty}\dfrac{\frac{(n+1)!}{10^{n+1}}}{\frac{n!}{10^n}}=\lim\limits_{n\to\infty}\dfrac{(n+1)!}{10^{n+1}}\cdot\dfrac{10^n}{n!}=\lim\limits_{n\to\infty}\dfrac{n+1}{10}=\infty$

故级数 $\sum\limits_{n=1}^{\infty}\dfrac{n!}{10^n}$ 发散.

7. 解：解方程组 $\begin{cases} f_x(x, y)=2-2x=0 \\ f_y(x, y)=-2-2y=0 \end{cases}$

得驻点（1，−1）.

$f_{xx}(x, y)=-2$，$f_{xy}(x, y)=0$，$f_{yy}(x, y)=-2$

由于 $AC-B^2>0$，且 $A<0$，故函数在（1，−1）取得极大值 $f(1, -1)=2$.

8. 解：$\frac{dy}{dx}+\frac{y}{x}=0$，得 $\frac{dy}{y}=-\frac{dx}{x}$.

两边积分得 $\ln|y|=-\ln|x|+C_1$

或 $|y|=e^{\ln|y|}=e^{-\ln|x|+C_1}=e^{C_1}\frac{1}{|x|}$

故 $y=\pm e^{C_1}\frac{1}{x}$

9. 解：L 的参数方程为 $\begin{cases} x=x \\ y=x^2 \end{cases}$，$x$ 从 0 到 1，

则 $\int_L \sqrt{y}\,dx=\int_0^1 x\,dx=\frac{1}{2}$

10. 解：$F(x, y, z)=x+z-xy-\sin(yz)$

$F_x=1-y$，$F_y=-x-z\cos(yz)$，$F_z=1-y\cos(yz)$

$$\frac{\partial z}{\partial x}=-\frac{F_x}{F_z}=-\frac{1-y}{1-y\cos(yz)}=\frac{y-1}{1-y\cos(yz)}$$

$$\frac{\partial z}{\partial y}=-\frac{F_y}{F_z}=-\frac{-x-z\cos(yz)}{1-y\cos(yz)}=\frac{x+z\cos(yz)}{1-y\cos(yz)}$$

期末考试模拟题 5

一、单项选择题

1. C　2. D　3. A　4. A　5. D

二、填空题

1. $\{(x,y)|x^2+y^2<1\}$　2. 3　3. $dx+dy+dz$

4. $y=Ce^{-x}+1$（C 为任意常数）　5. 2

三、简答题

1. 解：$(\boldsymbol{a}+\boldsymbol{b})\cdot(\boldsymbol{a}-\boldsymbol{b})=9$.

2. 解：微分方程的特征方程为 $r^2-2r-8=0$

解得 $r_1=4$，$r_2=-2$.

通解为 $y=C_1\mathrm{e}^{4x}+C_2\mathrm{e}^{-2x}$（$C_1$，$C_2$ 为任意常数）.

3. 解：$\lim\limits_{\substack{x\to0\\y\to0}}\dfrac{\sqrt{xy+4}-2}{xy}=\lim\limits_{\substack{x\to0\\y\to0}}\dfrac{xy}{xy\left(\sqrt{xy+4}+2\right)}=\lim\limits_{\substack{x\to0\\y\to0}}\dfrac{1}{\sqrt{xy+4}+2}=\dfrac{1}{4}$

4. 解：$\dfrac{\partial z}{\partial x}=2x+3y$，$\dfrac{\partial z}{\partial y}=3x+2y$

5. 解：设 $x=r\cos\theta$，$y=r\sin\theta$，则

$$\iint\limits_D\sqrt{x^2+y^2}\,\mathrm{d}x\mathrm{d}y=\int_0^{2\pi}\mathrm{d}\theta\int_0^1 r^2\,\mathrm{d}r=\frac{2\pi}{3}$$

6. 解：解方程$\dfrac{\partial f}{\partial x}=3x^2-3y$，$\dfrac{\partial f}{\partial y}=3y^2-3x$，得驻点（0，0），（1，1）.

$\dfrac{\partial^2 f}{\partial x^2}=6x$，$\dfrac{\partial^2 f}{\partial x\partial y}=-3$，$\dfrac{\partial^2 f}{\partial y^2}=6y$

当取驻点（0，0）时，$AC-B^2=-9<0$，不取得极值；

当取驻点（1，1）时，$AC-B^2=27>0$，$A=6>0$，取得极小极值-1.

7. 解：利用比值判别法得

$$\lim_{n\to\infty}\frac{(n+1)}{2^{(n+1)}}\frac{2^n}{n}=\frac{1}{2}<1$$

所以原级数收敛．

8. 解：$P(x,y)=y$，$Q(x,y)=x$

$\dfrac{\partial Q}{\partial x}=\dfrac{\partial P}{\partial y}=1$，所求积分与路径无关，选取折线路径，原式 $=\displaystyle\int_0^1 1\mathrm{d}y=\dfrac{1}{2}$.

9. 解：$\dfrac{1}{2+x}=\dfrac{1}{2}\dfrac{1}{1+\dfrac{x}{2}}=\dfrac{1}{2}\displaystyle\sum_{n=0}^{\infty}\left(-\frac{x}{2}\right)^n(-2<x<2)$

10. 解：改变积分次序，$\displaystyle\int_{\frac{1}{4}}^{\frac{1}{2}}\mathrm{d}y\int_{\frac{1}{2}}^{\sqrt{y}}\mathrm{e}^{\frac{y}{x}}\,\mathrm{d}x+\int_{\frac{1}{2}}^{1}\mathrm{d}y\int_{y}^{\sqrt{y}}\mathrm{e}^{\frac{y}{x}}\,\mathrm{d}x=\int_{\frac{1}{2}}^{1}\mathrm{d}x\int_{x^2}^{x}\mathrm{e}^{\frac{y}{x}}\,\mathrm{d}y=\frac{3}{8}\mathrm{e}-\frac{\sqrt{\mathrm{e}}}{2}$.

参考文献

[1] 吕端良，许曰才，边平勇. 高等数学 [M] 北京：北京交通大学出版社，2015.

[2] 同济大学数学系. 高等数学：上册 [M]. 7 版. 北京：高等教育出版社，2014.

[3] 吴赣昌. 高等数学：理工类：上册 [M]. 4 版. 北京：中国人民大学出版社，2011.

[4] 张弢，殷俊峰. 高等数学习题全解与学习指导：上册 [M]. 北京：人民邮电出版社，2018.